普通高等院校计算机基础教育“十三五”规划教材

C语言程序设计
同步训练与上机指导

吴雪莉　李立春　主　编

金红娇　金炳涛　副主编

中国铁道出版社有限公司
CHINA RAILWAY PUBLISHING HOUSE CO., LTD.

内 容 简 介

本书是主教材《C 语言程序设计（第四版）》的配套教材，编写时突出了“基本概念、基本方法、基本技能”，尽量做到少而精，重点放在“常用、实用”上，习题和实验内容丰富，具有启发性和综合性，加强了程序设计能力的训练。

全书分三部分。第一部分为 C 语言程序设计同步训练，从第 2 章开始，每章中都包含“要点、难点阐述”、“例题分析”、“同步练习”和“参考答案”4 节。第二部分为 C 语言程序设计上机指南，介绍了 Turbo C 2.0 集成环境的上机过程及程序调试和测试的基本知识和常用方法；介绍了 Visual C++ 6.0 的使用方法。第三部分为 C 语言程序设计上机实验，结合理论教学精选内容，安排了 15 个实验；还特别安排了综合程序设计，便于学生综合应用所学程序设计知识，进一步提高程序设计的能力。

本书既可作为高等院校各专业 C 语言程序设计课程的配套教材，又可作为计算机等级考试培训辅导用书，也可以作为自学 C 语言程序设计的参考书。

图书在版编目（CIP）数据

C 语言程序设计同步训练与上机指导/吴雪莉，李立春主编．—4 版．—北京：中国铁道出版社有限公司，2020.2(2023.12重印)

普通高等院校计算机基础教育“十三五”规划教材

ISBN 978-7-113-26512-0

Ⅰ.①C… Ⅱ.①吴… ②李… Ⅲ.①C 语言-程序设计-高等学校-教学参考资料 Ⅳ.①TP312.8

中国版本图书馆 CIP 数据核字(2020)第 019189 号

书　　名：C 语言程序设计同步训练与上机指导
作　　者：吴雪莉　李立春

策　　划：刘丽丽　　　　**编辑部电话**：(010) 51873202
责任编辑：刘丽丽　贾淑媛
封面设计：刘　颖
责任校对：张玉华
责任印制：樊启鹏

出版发行：中国铁道出版社有限公司（100054，北京市西城区右安门西街 8 号）
网　　址：http://www.tdpress.com/51eds/
印　　刷：三河市宏盛印务有限公司
版　　次：2007 年 2 月第 1 版　2020 年 2 月第 4 版　2023 年 12 月第 6 次印刷
开　　本：787 mm×1 092 mm 1/16　**印张**：14.25　**字数**：342 千
书　　号：ISBN 978-7-113-26512-0
定　　价：38.00 元

前　言

本书是《C语言程序设计（第四版）》的配套教材。编写时突出了基本概念、基本方法、基本技能，尽量做到少而精，重点放在“常用、实用”上。本次修订在第三版的基础上主要对习题和实验的部分内容进行了调整，使其更加具有启发性和综合性，加强了程序设计能力的训练。

全书分三部分。

第一部分为C语言程序设计同步训练。从第2章开始，每章中都包含“要点、难点阐述”“例题分析”“同步练习”和“参考答案”4个模块。“要点、难点阐述”力图用简洁准确的语言给出本章的脉络，突出重点、难点，便于读者把握。“例题分析”以实例进一步解析本章要点、难点，分析可能的错误及原因，读者可以从中学习阅读程序和分析问题的方法。“同步练习”以选择题、填空题、编程题三种形式，帮助读者消化理解和应用本章内容。编程题程序前有算法分析，程序中有注释，程序后有测试；有的题目给出多种方法，以开拓读者思维，培养程序设计的能力。习题的选择既考虑了知识点的覆盖面，以培养程序设计能力为主线，又兼顾了计算机等级考试的能力训练，旨在培养综合能力。

第二部分为C语言程序设计上机指南。介绍了Turbo C 2.0集成环境的上机过程，以及程序调试和测试的基本知识和常用方法；介绍了Visual C++ 6.0的使用方法。

第三部分为C语言程序设计上机实验。给出了上机实验的目的和要求，结合理论教学精选内容，安排了15个实验，对于有一定难度的实验题目给出了提示，便于进行实验教学。特别在实验15中安排了综合程序设计，便于学生综合应用所学程序设计知识，独立完成相对完整且有一定难度的题目，进一步提高程序设计的能力。

本书由吴雪莉、李立春任主编，金红娇、金炳涛任副主编。张晓东、罗时光参与了编写。全书由时景荣统稿并主审。

在本书的编写过程中，有许多老师和同学提出了宝贵的意见和建议，有的还参加了书中部分程序的调试，在此表示衷心感谢。

限于时间，书中难免有疏漏和不妥之处，敬请读者给予指正。

编　者

2019年10月

前言

目　录

第一部分　C 语言程序设计同步训练

第二部分 C 语言程序设计上机指南

第三部分 C 语言程序设计上机实验

第一部分　C 语言程序设计同步训练

第 1 章　程序设计概述

1.1　要点、难点阐述

1. 程序设计的过程

（1）任务分析

任务分析即弄清楚任务中数据与数据之间的逻辑关系、具体的操作要求（如需要输入哪些数据、要对数据进行哪些处理、要求输出哪些数据等），也就是弄清楚要计算机“做什么”。

（2）算法设计

算法设计是设计解决问题的方法和步骤，对问题处理过程进行细化，即明确要计算机“怎么做”。

（3）程序编写

首先要编码，即选择一种程序设计语言，根据算法写出源程序；然后编辑，即将编写好的源程序通过编辑器输入到计算机内，并以纯文本文件的形式保存。

（4）调试运行

计算机不能直接执行源程序，需通过编译和连接生成计算机能够执行的可执行文件。调试运行过程如下：

① 编译：将源程序翻译成目标程序，翻译时编译器对源程序进行语法检查，给出编译信息。若有语法错误，通过编辑器修改、再编译，直到编译成功，生成目标程序。

② 连接：将目标程序和程序中所需的目标程序模块（如调用的标准函数、执行的输入/输出模块等）连接后生成可执行文件。

③ 运行并分析结果：如需输入数据，应设计能涵盖各种情况的测试数据，然后运行程序，检查结果是否符合问题要求、是否正确。即使程序能正常运行并得到了运行结果，也可能存在逻辑错误，而计算机却无法检查出这些错误。若存在逻辑错误，如果是算法有错，则应先修改算法，再修改程序；如果算法正确而程序写得不对，则直接修改程序。

（5）编写程序文档

程序文档就是程序的使用说明书和技术说明书，它记录了程序设计的全过程。程序文档对于开发、维护时间较长的软件来说至关重要，尤其是对软件进行二次开发更离不开程序文档。

2. 数据结构与算法

（1）数据结构

数据结构包括3方面的内容：

① 数据的逻辑结构：描述数据与数据之间的逻辑关系。

② 数据的存储结构：描述数据和数据之间的关系在计算机中存储的方式。

③ 数据的运算集合：即对数据进行的所有操作（如输入、查找、更新、排序、输出等）。

确定了数据的逻辑结构，就明确了数据运算的集合。确定了如何存储数据，就可以设计算法了。

（2）算法

算法是为解决一个问题而采取的方法和步骤。算法定义一个操作序列，描述怎样从给定的数据经过有限步骤的处理后产生所求的输出结果。算法一般包括3个部分：

① 初始化（包括输入原始数据和为数据处理所做的准备）。

② 数据处理（实现具体的功能）。

③ 输出处理结果。

描述算法有多种方法，常用的有流程图和N-S图。

3. 结构化程序设计方法

结构化程序设计也称面向过程的程序设计，如C语言就是结构化的程序设计语言。

结构化程序设计方法的基本思想是把一个复杂的问题分解成若干个功能独立的模块，分而治之。具体地说就是：

① 在软件设计和实现的过程中，采用自顶向下、逐步细化的模块化设计原则。

② 在代码编写时，每一个模块内采用3种基本结构。

3种基本结构即顺序结构、选择结构和循环结构。

① 顺序结构：按顺序依次执行。

② 选择结构（又称分支结构）：根据条件判断，选择某分支执行。

③ 循环结构：只要循环条件成立，就重复执行一组语句（这组语句通常称为循环体）。

循环结构分为两种类型：

① 当型循环（先判断）：当循环条件为真时重复执行循环体，为假时循环结束。

② 直到型循环（后判断）：重复执行循环体，直到循环条件为假时，循环结束。

4. C语言概述

（1）C语言程序的结构

① C语言程序是由函数组成的，函数是C语言程序的基本单位。C语言中有3种函数：main()函数、系统提供的库函数、用户自定义的函数。

② 一个函数由两部分组成：

- 函数首部：包括函数类型、函数名、函数形式参数及类型说明等。
- 函数体：即函数首部下面最外层大括号内的部分。函数体又可以分为声明部分和执行部分。

③ 一个C语言的源程序有且只有一个main()函数，有若干个（包括零个）其他函数。

④ main()函数的位置没有限制，可以位于程序的任何地方，但是 C 程序总是从 main()函数开始执行，并且结束于 main()函数。

⑤ C 语言程序书写格式自由，一行可以写多个语句，一个语句也可以写在多行上，用分号“;”标识语句结束。

⑥ C 语言源程序中可以在任何可以插入空格的地方插入注释，格式为：

```
/* 注释内容 */
```

注释内容可以是中文或英文，也可以是任何可显示的符号。

⑦ C 语言中没有输入和输出语句。C 语言程序中输入和输出操作是通过调用库函数 scanf()、printf()和其他输入/输出函数来完成的。

（2）C 语言的标识符

标识符是一个作为名字的字符序列，用来标识变量名、类型名、数组名、函数名和文件名等。C 语言的标识符可分为用户标识符、保留字和预定义标识符 3 类。

① 用户标识符：程序设计者根据编程需要自己定义的名字，用来作为变量名、符号常量名、数组名、函数名、类型名和文件名等。

标识符命名规则：可以是单个字母；也可以由字母、数字和下画线组成，但必须是以字母或下画线开头。

注意：在 C 语言中大小写字母是不同的字符。例如，SUM、Sum、sum 是 3 个不同的标识符。

② 保留字（又称关键字）：C 语言专门用来描述类型和语句的标识符，共有 32 个。

注意：在 C 语言中，保留字都用小写英文字母表示，代表固定的含义，不允许作为用户标识符使用。

③ 预定义标识符：除了上述保留字外，还有一类具有特殊意义的标识符，它们被用作编译预处理命令或库函数的名字。如 define、include、scanf、printf 等，这类标识符称为预定义标识符。最好不要用它们作为用户标识符。

1.2　同步练习

一、选择题

1. 编辑程序就是______。

A. 调试程序　　B. 建立并修改源程序文件

C. 将源程序变成目标程序　　D. 命令计算机执行程序

2. C 语言程序的基本单位是______。

A. 函数　　B. 语句　　C. 字符　　D. 程序行

3. 在一个源程序中，main()函数的位置______。

A. 必须在最前面　　B. 可以在程序的任何位置

C. 必须在最后面　　D. 必须在系统提供的库函数调用之后

4. 系统默认的 C 语言源程序的扩展名是______。

A. .exe B. .c C. .obj D. .doc

5. C语言用______标志语句结束。

A. 逗号 B. 分号 C. 句号 D. 冒号

6. 下面可以用作C语言用户标识符的一组标识符是______。

A. void word FOR B. a1_b1 _123 IF

C. Case -abc xyz D. case5 liti 2ab

7. 下面的标识符中，不合法的用户标识符为______。

A. Pad B. _int C. CHAR D. a#b

8. 下面的标识符中，合法的用户标识符为______。

A. day1 B. long C. 3AB D. a+b

二、填空题

1. 软件包括程序和________。

2. 程序的错误一般分为两种：（1）和（2），前者是编译器可以发现的，而后者编译器无法发现。

3. C语言程序是由函数构成的，其中________一个main()函数。

4. C语言程序的执行总是由（1）函数开始，并且在（2）函数中结束。

5. 计算机不能直接执行C语言的源程序，必须经过（1）和（2），形成可执行文件。

1.3 参考答案

一、选择题

1. B 2. A 3. B 4. B 5. B

6. B 7. D 8. A

二、填空题

1. 程序文档 2.（1）语法错误 （2）逻辑错误 3. 有且只有

4.（1）main() （2）main() 5.（1）编译 （2）连接

第 2 章　数据类型与数据运算

2.1　要点、难点阐述

1. 数据类型

（1）基本类型

- 整型：可分为 int、short、long、unsigned。（系统提供的）
- 字符型：char。（系统提供的）
- 实型：可分为 float、double。（系统提供的）
- 枚举型。（用户自定义的）

（2）构造类型

- 数组：同类型数据的一个组合类型。（用户自定义的）
- 结构体：同类型或不同类型数据的一个组合类型。（用户自定义的）
- 共用体：与结构体相似，但组合中数据从同一内存地址开始存储。（用户自定义的）
- 文件：当输入/输出的对象是磁盘时，使用文件类型（FILE）。（系统提供的）

（3）指针类型

指针类型是某种类型数据的地址类型。（用户自定义的）

（4）空类型

不需要类型时，使用空类型（void）。（系统提供的）

2. 常量

常量是指在程序运行过程中其值不能改变的量。基本类型常量的情况如表 2-1 所示。

表 2-1　基本类型常量的情况

常量类型	常量形式	实例	备注
整型常量	十进制形式	12，+123，-16，20，0L	常量后加 L，表示长整型
	八进制形式	014，+0173，-020，024	以 0 开头
	十六进制形式	0xe，+0x7b，-0x10，0x14	以 0x（或 0X）开头
实型常量	十进制小数形式	123.5，.123，-0.5，+12.	点前 0、点后 0 都可以省略
	指数形式	-1.23e2，1.23E2，+1.23e+2，1E-2	e（E）前必须有数，其后必须是整数
字符型常量	字符形式	'a'，'A'，'*'，'3'，')'	大多数可以在屏幕上显示的字符
	转义字符形式	'\n'，'\\'，'\141'，'\x41'	多用于控制字符
字符串常量	用双引号括起的字符序列	"a"，"I love China"	*n* 个字符的字符串在内存中占 *n*+1 个字节
符号常量	用#define 定义	#define PI 3.1416	在程序中用 PI 代替 3.1416

3. 变量

变量是内存的一个存储单元，存储单元的当前值就是变量的值。其值在程序运行过程中可以改变，所以称为变量。变量必须先定义其类型，然后才能使用。基本数据类型变量的情况如表 2-2 所示。

表 2-2 基本数据类型变量的情况

变量类型	字节数	取值范围	有效数字
int	2	$-2^{15} \sim (2^{15}-1)$	
long [int]	4	$-2^{31} \sim (2^{31}-1)$	
unsigned [int]	4	$0 \sim (2^{32}-1)$	
float	4	$-3.4\times10^{-38} \sim 3.4\times10^{38}$	6 ~ 7
double	8	$-1.7\times10^{-308} \sim 1.7\times10^{308}$	15 ~ 16
char	1	−128 ~ 127	

变量定义的一般形式为：

数据类型名 变量表;

其中，变量表中变量之间用逗号分隔，分号标志着定义结束。例如：

```
int a,b,c;
```

变量可以在定义的同时初始化（即赋初值）。例如：

```
int a=1,b=2,c=3;
```

也可以对部分变量初始化。例如：

```
int a,b,c=5;
```

注意： 在程序设计时，要根据使用数据的范围定义不同类型的变量。定义过大浪费计算机资源，定义过小可能产生“溢出”或导致数据不精确。

4. 数据运算

C 语言规定了运算符的优先级和结合性。在表达式求值时，先按运算符的优先级别高低次序运算，同级则按规定的“结合方向”处理。

（1）赋值运算

赋值运算符“=”的左侧必须是变量名，右侧是任意类型的表达式。

赋值表达式的求解过程：将赋值运算符右侧表达式的值送到左边变量所代表的存储单元中。结合方向是右结合，优先级别较低，只高于逗号运算符。

做赋值运算时，系统对不同类型的数据自动进行类型转换。

① 把实型数据赋给整型变量时，小数部分截去。

② 长的数据给短的变量赋值，低位对齐赋值，高位丢失，有可能造成溢出。

③ 短的数据赋给长的变量，低位对齐赋值。对无符号数高位补 0；对有符号数要进行“符号扩展”：即符号位为“0”，高位全补“0”；符号位为“1”，高位全补“1”。

（2）算术运算

① 除法运算中，当两个操作数都是整型时，结果为整型，如 1/4 结果为 0。

② 求余运算中，两个操作数必须都是整型。

③ 自增/自减运算符的操作数只能是变量。在 Turbo C 中，若表达式中有自增/自减运算符，则应先扫描每一个变量的当前值，然后再计算表达式的值。例如：

```
int a=2,b=3,c;c=(++a)*(b--);
```

先扫描表达式(++a)*(b--)，变量 a 先自增 1，即当前值为 3，b 的当前值为 3，所以 c 的值为 3*3=9，然后 b 自减为 2。所以，语句执行结束时 a=3，b=2，c=9。

④ 数学表达式转换成 C 语言表达式要注意两点：一是乘法的乘号不能省略；二是恰当地使用圆括号以保证原来的逻辑关系不变。

（3）关系运算和逻辑运算

① 关系运算和逻辑运算的结果都是一个逻辑值，即“真”或“假”。C 语言没有逻辑数据，用“1”代表“真”，用“0”代表“假”。当进行运算时，非 0 即“真”，0 即“假”。

② 关系表达式、逻辑表达式的书写要注意，如数学中的不等式 $0<x<10$，C 语言中应写成：x>0 && x<10。

③ 在逻辑表达式的求解中，并不是所有的逻辑运算符都被执行，只是在必须执行下一个逻辑运算符才能求出表达式的解时，才执行该运算符。

如 a=0;b=1;c=a++&&b++; 则结果为 a=1，b=1，c=0。后一个赋值语句中赋值号右侧逻辑表达式的求解过程：逻辑与运算符左侧的表达式 a++的当前值为 0，整个逻辑表达式值即为 0，无须继续计算，a 自身增 1，0 赋给 c，运算结束。

再如 a=0;b=1;c=++a||++b; 则结果为 a=1，b=1，c=1。后一个赋值语句中赋值号右侧逻辑表达式的求解过程：逻辑或运算符左侧的表达式++a 的值为 1，整个逻辑表达式值即为 1，无须继续计算，1 赋给 c，运算结束。

注意：当需要判断两个量是否相等时，运算符是由两个等号“==”组成的“等于”，而一个等号“=”表示赋值。

（4）位运算

所谓位运算是指二进制位的运算，即运算的单位是二进制的一个位（bit）。

在程序中，若进行位运算的数据不是用二进制表示的，要先转换成二进制补码形式再运算，运算后的结果再转换成要求的进制。位运算有如下几种：

① 按位与运算“&”：两个对应位均为 1 时该位结果为 1，否则为 0。运算的特点：与 0 相与对应位清零；与 1 相与对应位保留原值。

② 按位或运算“|”：两个对应位均为 0 时该位结果为 0，否则为 1。运算的特点：与 1 相或对应位置 1；与 0 相或对应位保留原值。

③ 按位异或运算“^”：两个对应位不同为 1，相同为 0。运算的特点：与 1 相异或对应位翻转；与 0 相异或对应位保留原值。

④ 按位取反运算“~”：就是 0 变 1，1 变 0。

⑤ 左移运算“<<”：用来将一个数的各二进制位全部左移若干位，高位溢出舍弃，低位补 0。操作数每左移一位，相当于乘以 2。

⑥ 右移运算“>>”：用来将一个数的各二进制位全部右移若干位，低位舍弃。若无论操作数

是正还是负都高位补 0，称为“逻辑右移”；若操作数为正高位补 0，为负高位补 1，称为“算术右移”。操作数每右移一位，相当于除以 2。

2.2 例题分析

【例 2.1】有变量定义语句 int a=3;b=4;则______。

A. 定义了 a、b 两个变量　　B. 定义了 a、b 两个变量，并均已初始化

C. 程序编译时出错　　D. 程序运行时出错

解题知识点：变量定义语句规则。

解：答案为 C。本题的解题要点是：变量定义语句以分号表示结束。b 前面的分号标志着 int 型变量定义结束，而变量 b 则未被定义。所以编译时出错："Undefined symbol 'b' in function…"。

【例 2.2】表达式 3.5+5%2*(int)(1.5+1.3)/4 的值为______。

A. 4.5　　B. 4.0　　C. 3.5　　D. 4.2

解题知识点：强制类型转换；算术运算。

解：答案为 C。本题的解题要点是：做除法运算，当两个操作数都是整型时，结果为整型。因为 5%2 为 1，(int)(1.5+1.3)为 2，2/4 为 0，所以结果为 3.5。

【例 2.3】有变量说明语句 float a,b;int k=0;合法的 C 语言赋值语句是______。

A. a=b=8.5　　B. a=8.5,b=8.5　　C. k=int(a+b);　　D. k++;

解题知识点：强制类型转换；赋值语句的书写规则。

解：答案为 D。赋值语句的一般格式为：变量名=表达式;，语句以分号作为结束标志。选项 A 是赋值表达式，不是语句；选项 B 是逗号表达式；选项 C 强制类型转换应将类型符用圆括号括起来，即 k=(int)(a+b);；选项 D 相当于 k=k+1;，所以是合法的赋值语句。

【例 2.4】有变量说明语句 int a=9;则执行完语句 a+=a-=a*a;后，a 的值是______。

A. 9　　B. 144　　C. 0　　D. -144

解题知识点：复合赋值语句的运算规则。

解：答案为 D。赋值语句的结合性为“自右至左”，复合赋值语句可以分解进行。可以将语句 a+=a-=a*a;分解成如下两条语句：a-=a*a;a+=a;，由第一条语句可以算出 a 的值为-72，由第二条语句算出 a 的值为-144。

【例 2.5】下面程序段的运行结果是______。

```
int x=5,y=5,z=5;
printf("x=%d,y=%d\n",x++,++y);
z++;++z;
printf("x=%d,y=%d,z=%d\n",x,y,z);
```

A. x=6,y=6
x=6,y=6,z=6　　B. x=5,y=5
x=6,y=6,z=7

C. x=6,y=5
x=6,y=6,z=6　　D. x=5,y=6
x=6,y=6,z=7

解题知识点：自增/自减运算符。

解：答案为 D。第一个输出语句中的两个输出项都是表达式。x 是后加操作，是先用变量的

当前值作为表达式的值，然后变量的值加 1；y 是前加操作，是先为变量的值加 1，加 1 后的值作为当前表达式的值；所以输出为 x=5,y=6。z++;和++z;都是独立的语句，都是完成加 1 的操作，所以在第二个输出语句中输出时 x、y 各做一次加 1 操作，z 做了两次加 1 操作。

【例 2.6】在下列选项中，不合法的赋值语句是______。

A. n1=n2=n3=0;　　B. k=i==j;　　C. k=i&&j;　　D. a=b+c=1;

解题知识点：赋值语句的书写规则。

解：答案为 D。选项 A 相当于 n3=0;n2=n3;n1=n2;所以合法；选项 B 相当于 k=(i==j);即赋值号右侧是关系表达式，当 i 和 j 相等时，k 赋值为 1，否则 k 赋值为 0，合法；选项 C 中赋值号右侧是逻辑表达式，当 i 和 j 均非零时 k 赋值为 1，否则 k 赋值为 0，也合法；选项 D 相当于 a=((b+c)=1);可见右边的赋值号的左侧不是变量名，而是表达式，所以不合法。

【例 2.7】设有如下表达式：

```
<<b>c+d||~c&d
```

则表达式中运算符的优先顺序是______。

A. ~、+、<<、>、&、||　　B. ~、+、>、<<、&、||

C. ~、+、<<、&、>、||　　D. ~、+、&、||、>、<<

解题知识点：位运算及其优先级。

解：答案为 A。优先级顺序是：单目运算符“~”优先级最高，然后依次是算术运算符“+”、移位运算符“<<”、关系运算符“>”、按位与运算符“&”，最后是逻辑运算符“||”。

【例 2.8】已知小写字母 a 的 ASCII 码值为 97，有如下程序：

```
void main()
{  char a=32,b=68;
   printf("%c\n",a|b);
}
```

则运行结果是______。

A. a　　B. b　　C. d　　D. 100

解题知识点：按位或运算；字符的存储形式。

解：答案为 C。本题的解题要点是：先将操作数转换成二进制，再进行按位或运算，结果作为一个字符的 ASCII 码值，输出对应的字符。a 和 b 用二进制数表示分别为：a=00100000，b=01000100，a|b=01100100 转换为十进制是 100，ASCII 码值 100 对应的字符是小写字母 d。

【例 2.9】以下叙述中不正确的是______。

A. 表达式 a&=b 等价于 a=a&b　　B. 表达式 a<<=b 等价于 a=a<<b

C. 表达式 a%=b 等价于 a=a%b　　D. 表达式 a!=b 等价于 a=a!b

解题知识点：复合运算符。

解：答案为 D。本题的解题要点是：只有算术运算符和位运算符中的双目运算符才可以和赋值运算符组成复合赋值运算符。“&”、“<<”和“%”可以和“=”组成复合赋值运算符，但是“!”是逻辑非运算符，是单目运算符，不能与赋值运算符组合。而“!=”是关系运算符，含义是不等于，是不可分割的一个整体。

2.3 同步练习

一、选择题

1. 以下______是不正确的转义字符。

   A. '\\'　　B. '\''　　C. '\08a'　　D. '\0'

2. 设有说明语句：char a='\72';则变量 a______。

   A. 包含 1 个字符　　B. 包含 2 个字符　　C. 包含 3 个字符　　D. 说明不合法

3. 在 C 语言中，char 型数据在内存中是以______形式存储的。

   A. 原码　　B. 补码　　C. ASCII 码　　D. 反码

4. 以下选项中合法的字符常量是______。

   A. "B"　　B. '\010'　　C. 68　　D. D

5. 在 C 语言中，要求操作数必须是整型的运算符是______。

   A. %　　B. /　　C. <　　D. !

6. 以下选项中，正确的赋值语句是______。

   A. a=1,b=2;　　B. i++;　　C. a+b=5;　　D. y=int(x);

7. 以下叙述不正确的是______。

   A. 在 C 程序中所有变量必须先定义后使用

   B. 在程序中，APH 和 aph 是两个不同的变量

   C. 若 a 和 b 类型相同，执行 a=b;后 b 中的值放入 a 中，b 中的值不变

   D. 当输入数据时，对整型变量只能输入整型值，对实型变量只能输入实型值

8. 若变量已正确定义并赋值，下面符合 C 语言语法的表达式是______。

   A. a:=b+1　　B. a=b=c+2　　C. int 18.5%3　　D. a=a+7=c+b

9. 若 x 为 int 型变量，则执行以下语句后，x 的值为______。

   ```
   x=6;x+=x-=x*x;
   ```

   A. 36　　B. –60　　C. 60　　D. –24

10. 若有定义 int x; 则逗号表达式(x=4*5,x*5),x+25 的结果为__（1）__，x 的值为__（2）__。

    （1）A. 20　　B. 100　　C. 表达式不合法　　D. 45

    （2）A. 20　　B. 100　　C. 125　　D. 45

11. 若已定义 x 和 y 是 double 类型，则表达式 x=1,y=x+3/2 的值是______。

    A. 1　　B. 2　　C. 2.0　　D. 2.5

12. 设 x 和 y 均为 int 型变量，则执行以下语句后的结果为______。

    ```
    x=15;y=5;printf("%d\n",x%=(y%=2));
    ```

    A. 0　　B. 1　　C. 6　　D. 12

13. 若有以下程序段：

    ```
    int c1=1,c2=2,c3;
    c3=1.0/c2*c1;
    ```

    则执行后，c3 的值是______。

    A. 0　　B. 0.5　　C. 1　　D. 2

14. 以下叙述不正确的是______。
    A. 一个好的程序应该有详尽的注释
    B. C 程序中的#include 和#define 均不是 C 语句
    C. 在 C 程序中，赋值运算符的优先级最低
    D. 在 C 程序中，j++;是一条赋值语句

15. 若有代数式 $\frac{ae}{bc}$，则错误的 C 语言表达式是______。
    A. a*e/b*c　　B. a/b/c*e　　C. a*e/b/c　　D. (a*e)/(b*c)

16. 设 a 和 b 均为 int 型变量，且 a 值为 15，b 值为 240，则表达式(a&b)&&b 的结果为______。
    A. 0　　B. 1　　C. true　　D. false

17. 在位运算中，操作数每右移一位，其结果相当于______。
    A. 操作数乘以 2　　B. 操作数除以 2
    C. 操作数除以 16　　D. 操作数乘以 16

18. 若有以下定义和语句，则执行语句后 a 和 b 的值分别是______。
```
int a=3,b=4;
a=a^b;b=b^a;a=a^b;
```
    A. a=3,b=4　　B. a=4,b=3　　C. a=3,b=3　　D. a=4,b=4

19. 设有以下语句，则 c 的二进制值是______。
```
char a=3,b=6,c;
c=a^b<<2;
```
    A. 00011011　　B. 00010100　　C. 00011100　　D. 00011000

二、填空题

1. 字符常量'a'在内存中应占__（1）__字节，字符串"a"应占__（2）__字节。
2. 若采用十进制数的表示方法，则 077 是__（1）__，0111 是__（2）__，0x29 是__（3）__，0xAB 是__（4）__。
3. 若有说明 char s1='\077',s2='\'';则 s1 中包含__（1）__个字符，s2 中包含__（2）__个字符。
4. 设 x 为 float 型变量，y 为 double 型变量，a 为 int 型变量，b 为 long 型变量，c 为 char 型变量，则表达式 x+y*a/x+b/y+c 的结果为________类型。
5. 定义如下变量：
```
float x=2.5,y=4.7;int a=7;
```
   表达式 x+a%3*(int)(x+y)%2/4 的值为________。
6. 设 a,c,x,y,z 均为 int 型变量，在下面对应的横线上写出各表达式的结果。
   （1）a=(c=5,c+5,c/2)　　__（1）__
   （2）x=(y=(z=6)+2)/5　　__（2）__
   （3）18+(x=4)*3　　__（3）__
7. 下列程序的运行结果为________。
```
#include"stdio.h"
void main()
{ int x;
  x=-3+4*5-6;printf("%d,",x);
```

```
  x=3+4%5-6;printf("%d,",x);
  x=-3*4%6/5;printf("%d,",x);
  x=(7+6)%(5/2);printf("%d\n",x);
}
```

8. 下列程序的运行结果是________。

```
#include"stdio.h"
void main()
{ char a='a',b='b',c='c';
  a=a-32;b+='c'-'a';c=c-32+'b'-'a';
  printf("a=%c,b=%c,c=%c\n",a,b,c);
}
```

9. 写出实现以下计算的C语言赋值语句________。

$$z=\frac{\sin 75^\circ}{x\times y} \quad （假定\ x\times y\neq 0）$$

10. 下列程序的运行结果为________。

```
#include"stdio.h"
void main()
{ char c1='b',c2='o',c3='x';
  c1+=2;c2+=2;c3+=2;
  printf("%c%c%c",c1,c2,c3);
}
```

11. 下列程序的运行结果为________。

```
#include"stdio.h"
void main()
{ int a=5;
  printf("\n%d,",(3+5,6+8));
  a=(3*5,a+4);printf("a=%d\n",a);
}
```

12. 下列程序的运行结果为________。

```
#include"stdio.h"
void main()
{ int x,y,z;
  x=24;y=024;z=0x24;
  printf("%d,%d,%d\n",x,y,z);
}
```

13. 表达式5&7的值为（1），5|7的值为（2），5^7的值为（3）。
14. 二进制数a是00101101，若想通过异或运算a^b使a的高4位取反，低4位不变，则二进制数b应是________。
15. 二进制数a是01100101，若想通过a&b运算使a的低4位清零，高4位不变，则二进制数b应是________。
16. 在C语言中，“&”作为双目运算符时表示的是（1），而作为单目运算符时表示的是（2）。

2.4 参考答案

一、选择题

1. C　2. A　3. C　4. B　5. A

6. B　7. D　8. B　9. B　10.（1）D　（2）A
11. C　12. A　13. A　14. C　15. A
16. A　17. B　18. B　19. A

二、填空题

1.（1）1　（2）2
2.（1）63　（2）73　（3）41　（4）171
3.（1）1　（2）1
4. double
5. 2.5
6.（1）2　（2）1　（3）30
7. 11,1,0,1
8. a=A,b=d,c=D
9. z=sin(75*3.14/180)/(x*y)
10. dqz
11. 14,a=9
12. 24,20,36
13.（1）5　（2）7　（3）2
14. 11110000
15. 11110000
16.（1）按位与　（2）取地址

第 3 章　顺序结构的程序设计

3.1　要点、难点阐述

1. C 语言的语句

① 控制语句。用来控制程序走向的语句，如 if 语句、switch 语句、for 语句、while 语句、do…while 语句、break 语句、continue 语句、return 语句等。

② 函数调用语句。一般形式为：

```
函数名(实参表);
```

例如：printf("%d\n",a);。

③ 表达式语句。一般形式为：

```
表达式;
```

如赋值语句：k=i+j;，再如 k++;。

④ 复合语句。多条语句组合而成，作用相当于一条语句。一般形式为：

```
{ 语句 1;语句 2;…; }
```

2. 输入/输出和头文件的概念

C 语言没有提供输入/输出语句，输入/输出依靠系统提供的函数来实现。使用系统提供的库函数时，要用预编译命令#include 将有关的“头文件”包含到用户的源文件中。

注意：当需要包含多个头文件时，每条#include 命令都独占一行。

3. 字符数据的输入/输出

getchar()和 putchar()是单个字符的输入和输出函数，它们包含在头文件 stdio.h 中。

（1）字符的输入函数

字符的输入函数的调用格式为：

```
getchar()
```

函数 getchar()的调用结果是得到从键盘上输入的字符，通常将其赋给字符型变量。例如：

```
ch=getchar();
```

注意：回车、退格、空格等控制键也是字符。

（2）字符的输出函数

字符的输出函数的调用格式为：

```
putchar(参数);
```

当函数的参数是字符变量或常量时，输出该字符；是整型变量或常量时，输出与它等值的

ASCII 码对应的字符；是转义字符时，按其含义起到控制输出的功能。

例如，putchar('\n');用来换行，putchar('\t');用来跳格等。

4. 数据的格式输入和格式输出

scanf()和 printf()函数可以一次输入和输出若干个任意类型的数据。

（1）格式输入函数

scanf()函数的一般调用形式：

```
scanf(格式控制字符串,变量地址表);
```

其中，“格式控制字符串”包含两类符号：格式说明符和普通字符。

在程序运行过程中，执行到 scanf()函数调用语句时，用户必须从键盘上按格式控制字符串从左到右依次输入，即普通字符原样输入、格式说明符处输入对应变量的值。

注意：

① 当两个数值型的格式说明符之间没有普通字符时，输入的两个数据之间需要用分隔符分隔。分隔符可以是一个或多个空格，也可以是【Tab】键或【Enter】键。例如：

```
scanf("%d%d",&a,&b);
```

若 a, b 分别为 5 和 6，则输入应为：

5　6↙

② 在两个格式说明符之间加入普通字符，可以起分隔符的作用。例如：

```
scanf("%d,%d",&a,&b);
```

若 a, b 分别为 5 和 6，则输入应为：

5,6↙

③ 在用"%c"格式输入字符时，空格字符和转义字符都作为有效的字符输入。例如：

```
scanf("%d%c",&a,&c);
```

若 a 为 5, c 为字符'A'，则输入应为：

5A↙（中间不能有空格，否则会把空格赋给变量 c）

（2）格式输出函数

printf()函数的一般调用形式：

```
printf(格式控制字符串,输出项表);
```

其中，“格式控制字符串”包含 3 类符号，即格式说明符、转义字符和普通字符。

执行 printf()函数调用语句时，按格式控制字符串从左到右依次输出，即普通字符原样输出、转义字符按含义输出、格式说明符处按指定格式输出对应的输出项的值。

注意：格式控制字符串中的格式说明符与输出项应该类型匹配，否则可能导致输出结果不正确。

3.2　例题分析

【例 3.1】下列程序执行后的运行结果是______。

```
#include"stdio.h"
void main()
{  double d;float f;long k;int i;
   i=f=k=d=20/3;
```

```
    printf("%d%ld%.2f%.2lf\n",i,k,f,d);
}
```

A. 666.006.00　　B. 666.676.67

C. 666.006.67　　D. 666.676.00

解题知识点：各种类型数据之间的混合运算。

解：答案为 A。本题中的赋值语句相当于 d=20/3;k=d;f=k;i=f;，因为 20 和 3 都是整数，所以 20/3 的结果仍为整数，即 6；d 是双精度浮点型，按输出两位小数的格式有 d=6.00，又因为 k 是长整型变量，因此 k=6；类似的，f=6.00，i=6。本题中的输出语句 4 个格式符之间没有普通字符，所以输出结果连在一起。

【例 3.2】下列程序执行后的输出结果是______。

```
#include"stdio.h"
void main()
{  float f;int i,j;
   i=1.5;j=(i+3.5)/5.0;
   f=5.8;
   printf("i=%d,j=%d\n",i,j);
   printf("f=%d\n",f);
}
```

A. i=1.5,j=1.0
f=5.8　　B. i=1,j=1
f=5.8　　C. i=1,j=0
f=5.8　　D. i=1,j=0
f=0

解题知识点：各种类型数据之间的混合运算；格式输出。

解：答案为 D。由于 i 是整型变量，所以 i=1.5;的赋值结果是 i 的值为 1；同理 j 的值为 0；因为 f 是浮点型变量，而输出格式符为%d，格式不匹配导致输出结果不正确。注意：凡是 float 类型和 double 类型的变量，用格式符%d 输出结果都为 0。凡是 int 类型和 long 类型的变量，用格式符%f 输出都会出现错误信息。

【例 3.3】语句 printf("a\bc:\\dos\\\b\\\"file.c\"\n");的输出结果是______。

A. a\bc:\\dos\\\b\\\"file.c\"\n　　B. abc:dosb"file.c"n

C. a\bc:\\dos\\\b\\\"file.c\"　　D. c:\dos\"file.c"

解题知识点：转义字符。

解：答案为 D。本题中第一个转义字符就是'\b'，因此，前面的字符'a'被删除，第二个转义字符是'\\'，输出\，第三个转义字符'\\'被第四个转义字符'\b'删除，第五个转义字符是'\\'，输出\，第六个转义字符是'\"'，输出"，第七个转义字符还是'\"'，输出"，第八个转义字符是'\n'，换行。

【例 3.4】若有 int x=100,y=200;的定义，且有语句：

```
printf("%d,%d",(x,y));
```

则语句的输出结果是______。

A. 100，200　　B. 100

C. 200　　D. 输出格式符多，输出不确定的值

解题知识点：格式输出；逗号表达式。

解：答案为 D。输出表列中只有一个逗号表达式，值为 200，对应着第一个%d 输出，而对应着第二个%d 会输出一个不确定的值。

注意：当格式符多于输出项时会输出不确定的值。

【例 3.5】若有 int a=100,b=200;的定义，且有语句：

```
printf("%d",a,b);
```

则语句的输出结果是______。

A. 100，200　　B. 100

C. 200　　D. 输出格式符不够，输出不确定的值

解题知识点：格式输出。

解：答案为 B。对应着输出格式符%d，输出第一个输出项 x 的值。注意：输出格式符不够，后面的输出项不能输出。

【例 3.6】读下列程序：

```
#include"stdio.h"
void main()
{  int a;float b,c;
   scanf("%1d%2f%3f",&a,&b,&c);
   printf("a=%d,b=%f,c=%f\n",a,b,c);
}
```

若运行时从键盘上输入 987654321↙，则上面程序的输出结果是______。

A. a=1,b=23,c=456　　B. a=9,b=87,c=654

C. a=9,b=87.000000,c=654.000000　　D. a=987,b=654.000000,c=321.000000

解题知识点：格式输入中带有数字限制的格式控制符；格式输出。

解：答案为 C。scanf 语句中的%1d 限定了变量 a 获取数据的宽度为 1，因此系统会将 9 赋给变量 a，同理，自动截取两位数 87、三位数 654 为 b、c 赋值。printf 语句格式符中没有指定数据的输出宽度，所以系统用默认的宽度（float 型输出 6 位小数）进行输出。

【例 3.7】读下列程序：

```
#include"stdio.h"
void main()
{  int a,b;char c;
   scanf("%d%d%c",&a,&b,&c);
   printf("a=%d,b=%d,c=%d\n",a,b,c);
}
```

若运行时从键盘上输入 1　2　A↙，则上面程序的输出结果是______。

A. a=1,b=2,c=A　　B. a=1,b=2,c=65

C. a=1,b=2,c=　　D. a=1,b=2,c=32

解题知识点：格式输入中格式控制字符%c；字符型数据的输入/输出。

解：答案为 D。在 scanf()函数中前两个格式符连在一起，且都是数值数据，所以输入时两个数据之间要用分隔符（空格、Tab、回车均可）表示第一个数据结束；第二、第三个格式符虽然也连在一起，但是后一个是字符型数据，遇见非数字字符就表示前面的数据结束，而在用"%c"格式输入字符时，空格字符和转义字符都作为有效的字符输入，所以 2 后面的空格字符赋给变量 c。在 printf()函数中字符变量 c 按整型格式%d 输出，所以输出空格字符的 ASCII 码值 32。

【例 3.8】读下列程序：

```
#include"stdio.h"
void main()
{  int a,b;char c;
```

```
    scanf("%d%d",&a,&b);
    c=getchar();
    printf("a=%d,b=%d,c=%d\n",a,b,c);
}
```

若想运行时从键盘上输入：

1 2↙
A↙

但第一行输入结束，程序就已经运行，输出结果是______。

A. a=1,b=2,c=A　　B. a=1,b=2,c=65　　C. a=1,b=2,c=　　D. a=1,b=2,c=10

解题知识点：字符型数据的输入/输出。

解：答案为D。与上题类似，两个整型数据输入结束时的回车符被作为有效字符，由getchar()函数读取并赋给字符变量c，所以变量c用%d输出，是输出换行符（LF）的ASCII码值10。若输入不变，还希望将字符'A'赋给变量c，可以在scanf语句后加语句getchar();，用这个函数语句“空读”换行符。若输出语句中后一个格式符用%c，则输出结果为选项C，因为换行符是控制字符，不可显示。

【例3.9】读下列程序：

```
#include"stdio.h"
void main()
{  int a=011,b=101 ;
   printf("%x,%o\n",++a,b++);
}
```

则上面程序的输出结果是______。

A. 12,101　　B. 10,65　　C. a,145　　D. 10,145

解题知识点：格式输出中格式控制字符%o和%x；数据进制的转换。

解：答案为C。a=011;是八进制整数，++a后，变量a的值是012，是十进制的10，按%x输出，即转换成十六进制数值是a；b=101;b++是输出b的当前值，然后b自增1，按%o输出十进制数的101，即转换成八进制数值是145。

3.3 同步练习

一、选择题

1. 若m为float型变量，则执行以下语句后的输出结果是______。

```
m=1234.123;
printf("%-8.3f\n",m);
printf("%10.3f\n",m);
```

A. 1234.123
　1234.123　　B. 1234.123
　　1234.123　　C. 1234.123
1234.12300　　D. -1234.123
001234.123

2. 若有类型定义int k,g;则下列语句的输出结果是______。

```
k=017;g=111;
printf("%d,",++k);
printf("%x\n",g++);
```

A. 15,6f　　B. 16,70　　C. 15,71　　D. 16,6f

3. 若 x、y 均为 int 型变量，则执行以下语句后的输出结果是______。

```
x=015;
y=0x15;
printf("%2d%2o\n",x,y);
```

A. 1515　　B. 1521　　C. 1321　　D. 1325

4. 若 x 是 int 型变量，y 是 float 型变量，所用的 scanf 调用语句格式为：

```
scanf("x=%d,y=%f",&x,&y);
```

则为了将数据 10 和 66.6 分别赋值给 x 和 y，正确的输入应是______。

A. x=10,y=66.6↙　　B. 10　66.6↙

C. 10↙66.6↙　　D. x=10↙y=66.6↙

5. 若有定义 int x,y; double z;则以下不合法的 scanf()函数调用语句为______。

A. scanf("%d,%x,%le",&x,&y,&z);　　B. scanf("%2d%d%lf",&x,&y,&z);

C. scanf("%x %o%lg",&x,&y,&z);　　D. scanf("%x%o%6.2lf",&x,&y,&z);

6. 若有变量定义 float a;以下输入语句中不合法的是______。

A. scanf("%g",&a);　　B. scanf("%f",&a);

C. scanf("%6.2f",&a);　　D. scanf("%e",&a);

7. 若有变量定义 unsigned a;以下输入语句中不合法的是______。

A. scanf("%d",&a);　　B. scanf("%o",&a);

C. scanf("%f",&a);　　D. scanf("%x",&a);

8. 下列程序正确的输出结果是______。

```
#include"stdio.h"
#include"math.h"
void main()
{  int a=1,b=4,c=2;
   float x=5.5,y=9.0,z;
   z=(a+b)/c+sqrt(y)*1.2/c+x;
   printf("%f\n",z);
}
```

A. 9.3　　B. 9.300000　　C. 8.500000　　D. 9.80000

9. 下面程序的输出结果是______。

```
#include"stdio.h"
void main()
{ int x=3,y=2,z=1;
  printf("%s=%d\n","x/y&z",x/y&z);
}
```

A. x/y&z=0　　B. x/y&z=1　　C. s= x/y&z=0　　D. s= x/y&z=1

10. 下面程序的输出结果是______。

```
#include"stdio.h"
void main()
{  int a=-1,b=-1;
   printf("%d,%d,%d\n", a&&b,a^b,a||b);
}
```

A. 1,0,1　　B. 1,0,−1　　C. 0,−1,0　　D. 0,1,−1

11. 以下程序段的输出结果是______。

```
char a=222;
a&=052;
printf("%d,%o\n",a,a);
```

A. 222,336　　B. 10,12　　C. 244,364　　D. 254,376

二、填空题

1. 若有说明 int x=10,y=20;，请在下面对应的横线上写出各 printf 语句的输出结果。

（1）printf("%3x\n",x+y);　　（1）

（2）printf("%3o\n",x*y);　　（2）

（3）printf("%3o\n",x%y,x,y);　　（3）

（4）printf("%3x\n",(x%y,x-y,x+y));　　（4）

2. 下列程序的运行结果为________。

```
#include"stdio.h"
void main()
{ char c1='a',c2='b',c3='c';
  printf("a%cb%c\tc%c\n",c1,c2,c3);
}
```

3. 要得到下面的输出结果：

```
a,b     A,B
97,98   65,66
```

按要求填空完善程序。

```
#include"stdio.h"
void main()
{ char c1='a',c2='b';
  printf(" __(1)__ ",c1,c2);
  printf("%c,%c\n",__(2)__);
  __(3)__
}
```

4. 若有定义 int a=10,b=9,c=8;接着顺序执行下列语句后，变量 c 的值是________。

```
c=(a-=(b-5));
c=(a%11)+(b=3);
```

5. 以下程序的输出结果是________。

```
#include"stdio.h"
void main()
{ int a=5,b,c;
   a*=3+2;
   printf("%d\t",a);
   a*=b=c=5;
   printf("%d\t",a);
   a=b=c;printf("%d\n",a);
}
```

6. 已知字符'a'的ASCII码的十进制代码为 97，则以下程序的输出结果是________。

```
#include"stdio.h"
void main()
{  char ch='a';
```

```
    int k=12;
    printf("%x,%o,",ch,ch);
    printf("k=%%d\n",k);
}
```

7. 程序执行时输入 211,372，输出的结果是________。

```
#include"stdio.h"
void main()
{  unsigned char x,y;
   printf("enter x and y:\n");
   scanf("%o,%o",&x,&y);
   printf("%o\n",x&y);
}
```

8. 要得到下面的输出结果：

```
boy
Boy
```

按要求填空完善程序。

```
__(1)__
void main()
{ char a='b',b='o',c='y';
  printf("%c%c%c",a,b,c);
  __(2)__;
  __(3)__;putchar(b);putchar(c);
}
```

9. 阅读程序，回答问题。

```
#include"stdio.h"
void main()
{  int i;char a,b;
   scanf("%d",&i);
   printf("i=%x\t",i);
   a=i&0x000f;
   b=(i>>8)&0x00ff;
   printf("b=%x\ta=%x\n",b,a);
}
```

问题：当程序运行时输入 67 之后，执行程序的输出结果是：

i=__（1）__，b=__（2）__，a=__（3）__。

10. 阅读程序，回答问题。

```
#include"stdio.h"
void main()
{  unsigned char a,b,c,d;
   printf("enter two hex numbers:");scanf("%x,%x",&a,&b);
   c=a<<2;d=b>>2;
   printf("%x,%x\n",c,d);
}
```

问题 1：程序运行时输入 75,32，输出的结果是__（1）__。

问题 2：画线部分改为 int，程序运行时输入 75,32，输出的结果将是__（2）__。

11. 程序执行时输入 61，输出的结果是________。

```
#include"stdio.h"
void main()
{  unsigned char a,b;
    scanf("%x",&a);
    b=a<<2;
    printf(" %x\n",b);
}
```

12. 程序执行时输入 211,372，输出的结果是________。

```
#include"stdio.h"
void main()
{  unsigned char x,y;
   printf("Enter x and y:");scanf("%o,%o",&x,&y);
   printf("x&y=%o\t",x&y);
   printf("x|y=%o\t",x|y);
   printf("x^y=%o\t",x^y);
   printf("~x =%o\t",~x);
}
```

三、编程题

1. 输入任意两个正整数，输出它们的商和余数。
2. 输入一个华氏温度，要求输出摄氏温度。结果保留两位小数。
3. 输入任意一个字符，输出该字符的前一个字符、该字符和该字符的后一个字符。
4. 输入任意一个小写字母，输出该字母、该字母的 ASCII 码值、对应的大写字母及其 ASCII 码值。
5. 输入长方形的长和宽，计算并输出其周长和面积。
6. 编写程序实现左循环移位。

3.4 参考答案

一、选择题

1. B　2. D　3. D　4. A　5. D
6. C　7. C　8. B　9. B　10. A
11. B

二、填空题

1. （1）1e　（2）310　（3）12　（4）1e
2. aabb　cc
3. （1）%c%c\t　（2）c1-32,c2-32　（3）printf("%d,%d\t%d,%d\n",c1,c2,c1-32,c2-32);
4. 9
5. 25　125　5
6. 61,141,k=%d
7. 210
8. （1）#include "stdio.h"　（2）putchar('\n')或 printf("\n")　（3）putchar(a-32)
9. （1）43　（2）0　（3）3

10. （1）D4,C　　　　　　　（2）1D4,C

11. 84

12. x&y=210　x|y=373　x^y=163　~x=166

三、编程题

1. 变量设计：输入量 a1 和 a2 为 int 型；商 quo 为 float 型，余数 mod 为 int 型。

   数学模型：quo=a1/a2；mod=a1%a2。

   算法设计：

   （1）输入 a1 和 a2。

   （2）计算 quo 和 mod。

   （3）输出 quo 和 mod。

   程序设计：

```
#include"stdio.h"
void main()
{ int a1,a2,mod;
  float quo;
  printf("a1,a2=");
  scanf("%d,%d",&a1,&a2);
  quo=(float)a1/a2;    /*由于两种类型数据相除结果为整型，所以强制类型转换*/
  mod=a1%a2;
  printf("quo=%.2f,mod=%d\n",quo,mod);
}
```

   程序测试：

```
a1,a2=8,4↙
quo=2.00,mod=0
```

   再运行一次：

```
a1,a2=8,5↙
quo=1.60,mod=3
```

2. 变量设计：输入量为华氏温度 F；输出量为摄氏温度 C。均为 float 型。

   数学模型：$C=\frac{5}{9}(F-32)$。

   算法设计：

   （1）输入 F。

   （2）计算 C。

   （3）输出 C。

   程序设计：

```
#include"stdio.h"
void main()
{ float  F,C;
  printf("F=");
  scanf("%f",&F);
  C=5.0/9*(F-32);              /* 注意 5/9 结果为 0，所以写成 5.0/9 */
  printf("C=%.2f\n", C);
}
```

程序测试：

```
F=25↙
C=-3.89
```

再运行一次：

```
F=60↙
C=15.56
```

3. 变量设计：输入量为 ch；输出量为 ch 的前一个字符、ch 和 ch 的后一个字符。均为 char 型。

数学模型：ch 的前一个字符：ch-1；ch 的后一个字符：ch+1。

算法设计：

（1）输入 ch。

（2）输出 ch 的前一个字符、ch 和 ch 的后一个字符。

程序设计：

```
#include"stdio.h"
void main()
{ char ch;
  printf("enter a charater:");
  scanf("%c",&ch);
  printf("%c,%c,%c\n",ch-1,ch,ch+1);
}
```

程序测试：

```
enter a charater: b↙
a,b,c
```

再运行一次：

```
enter a charater:G↙
F,G,H
```

4. 变量设计：输入量 ch 为 char 型。输出量 ch 及其对应的大写字母为 char 型；ch 的 ASCII 码值及 ch 对应的大写字母的 ASCII 码值为 int 型。

数学模型：小写字母 ch 对应的大写字母为 ch-32。

程序设计：

```
#include"stdio.h"
void main()
{ char ch;
  printf("enter a charater:");
  scanf("%c",&ch);
  printf("%c,%d,%c,%d\n",ch,ch,ch-32,ch-32);
}
```

程序测试：

```
enter a charater: a↙
a,97,A,65
```

5. 变量设计：输入量为长 L 和宽 W；输出量为周长 girth 和面积 area。均为 float 型。

数学模型：$\text{girth} = (L + W) \times 2$；$\text{area} = L \times W$。

算法设计：

（1）输入 L 和 W。

（2）计算 girth 和 area。

（3）输出 girth 和 area。

程序设计：

```
#include"stdio.h"
void main()
{ float L,W,girth,area;
  printf("L,W=");
  scanf("%f,%f",&L,&W);
  girth=(L+W)*2;                         /* 乘号不可以省略 */
  area=L*W;
  printf("girth=%.2f\narea=%.2f\n",girth,area);
}
```

程序测试：

```
L,W=2,5↙
girth=14.00
area=10.00
```

再运行一次：

```
L,W=2.5,5.5↙
girth=16.00
area=13.75
```

6. 左移位是高位移出的丢失，低位补 0；左循环移位是将高位移出的，补到低位。

变量设计：输入量是要循环移位的数 value，为 unsigned 型，移位的位数 n 为 int 型；中间变量 a,b 为 unsigned 型；输出量是移位结果 c，为 unsigned 型。

算法设计：

（1）输入 value 和 n。

（2）value 左移 n 位结果存入 a，移出部分存入 b，c=a|b。

（3）输出 c。

程序设计：

```
#include"stdio.h"
void main()
{  unsigned value,a,b,c;
   int n;
   printf("Enter a hex number:");  /* 输入十六进制的数 */
   scanf("%x",&value);
   printf("Enter n: ");
   scanf("%d",&n);
   a=value<<n;
   b=value>>(16-n);
   c=a|b;
   printf("%x left move %d bits is %x\n",value,n,c);
}
```

程序测试：

```
Enter a hex number: a2b3↙
Enter n: 4↙
a2b3 left move 4 bits is 2b3a
```

第 4 章　选择结构的程序设计

4.1　要点、难点阐述

if 语句和 switch 语句都是构造语句，即语句中还包含其他语句（内嵌的语句）。内嵌的语句只能是一条语句，可以是任何合法的语句。当内嵌的语句必须由多条语句组成时，则必须将它们用{ }括起来构成一条复合语句。

1．if 语句

if 语句中的“表达式”可以是任意类型，是判断的条件，只根据其值的“真”或“假”（即“非 0”或“0”）来选择执行哪个分支的操作。

① if 语句可以没有 else 子句（单选择结构），但 else 却只能与 if 配对使用，不能单独作为语句使用。

② if 语句嵌套使用时，else 总是与它前面的最近的未配对的 if 配对。因此，在下面形式的语句中：

```
if(表达式) 语句 1 else 语句 2
```

若“语句 1”是一个没有 else 子句的 if 语句，则应将该语句用花括号括起来，以保证逻辑关系正确。

2．switch 语句

用 switch 语句解决多分支问题要比用 if 语句嵌套清晰得多。

① 组织一个表达式，写在 switch 后面的括号内，使多分支的条件变成若干个 case 常量表达式。

② 当表达式的值与某个常量表达式的值一致时，则从此处顺序向下执行，直到 switch 语句结束或遇到 break 语句而跳出 switch 结构。

③ 如果 switch 语句嵌套，break 语句只跳出它所在的那个 switch 语句。

4.2　例题分析

【例 4.1】数学中的不等式|x|>5，写成 C 语言表达式，正确的形式是______。

A．-5<x>5　　B．!(x<5)　　C．x>5&&x<-5　　D．x>5||x<-5

解题知识点：关系表达式、逻辑表达式的书写。

解：答案为 D。|x|>5 即 x 要么大于 5，要么小于-5，两种情况满足一种即为真，所以是逻辑

或的关系。

【例 4.2】有定义语句 int a=2,b=4,c=6,d;，且有语句 d=c>b>a;，则下面的说法正确的是______。

A. d 为“真”　B. d 值为 0　C. d 值为 1　D. d 为“非 0”

解题知识点：关系表达式及其运算。

解：答案为 B。关系表达式 c>b>a 中的两个运算符都是大于号，优先级相同从左到右依次运算，相当于(c>b)>a；c>b 为“真”，值为 1；1>a 为“假”，值为 0；所以整个表达式值为 0，即 d 值为 0。

【例 4.3】读下列程序：

```
#include"stdio.h"
void main()
{  int a=-1,b=1;
   if(++a<0 && !(b--<=0))  printf("%d  %d\n",a,b);
   else  printf("%d  %d\n",b,a);
}
```

则上面程序的输出结果是______。

A. -1　1　B. 0　1　C. 1　0　D. 0　0

解题知识点：逻辑表达式；自增自减运算符。

解：答案为 C。if 语句中表达式的计算过程是：++a 值为 0，表达式值即为“假”，不再继续计算，所以执行 else 子句，b=1，a=0。

【例 4.4】读下列程序：

```
#include"stdio.h"
void main()
{  int x=0,y=0,z=0;
   if(x=y+z) printf("****\n");
   else  printf("####\n");
}
```

则上面的程序______。

A. 输出****　B. 输出####　C. 无输出　D. 有语法错误不能通过编译

解题知识点：表达式。

解：答案为 B。if 语句中表达式可以是任何类型的表达式，只取“真”“假”值。本题中为赋值表达式，值为 0，所以执行 else 子句。

【例 4.5】若有定义 float w; int a,b;，则合法的 switch 语句是______。

A.
```
switch w
{  case 1.0: printf("*\n");
    case 2.0: printf("**\n");
}
```

B.
```
switch(a)
{  case 1: printf("*\n");
    case 1: printf("**\n");
}
```

C.
```
switch(a+b);
{  case 1: printf("*\n");
   case 2: printf("**\n");
   default: printf ("\n");
}
```

D.
```
switch(a+b)
{  case 2: printf("*\n");
   default: printf("\n");
   case 1: printf("**\n");
}
```

解题知识点：switch语句体的书写规则以及对case后的常量表达式的要求。

解：答案为D。switch后的表达式应该用括号括起，而选项A中缺少括号；case后的常量表达式的值必须互不相同，而选项B中常量表达式重复；选项C中switch表达式后多了一个分号；各个case和default的出现次序语法上没有限制，所以选项D是正确的。

【例4.6】读下列程序：

```
#include"stdio.h"
void main()
{  int x=1,y=0,a=0,b=0;
   switch(x)
   {  case 1: switch(y)
        { case 0: a++;break;
          case 1: b++;break;
        }
       case 2: a++;b++;
   }
   printf("a=%d,b=%d\n",a,b);
}
```

则上面程序的输出结果是______。

A. a=2,b=1　　B. a=1,b=1　　C. a=1,b=0　　D. a=2,b=2

解题知识点：switch语句的结构和break语句强制退出switch结构的功能，以及多层switch语句的执行过程。

解：答案为A。在本题中，因为x=1，所以执行外层switch的case 1，由于y=0，因而执行内层switch的case 0，a自增为1后中断内层switch，继续执行外层switch的case 2，a自增为2，b自增为1，外层switch结束。

注意：break语句只中断它所在的那层switch语句。

【例4.7】读下列程序：

```
#include"stdio.h"
void main()
{  int x;
   printf("Enter 1 or 0\n");scanf("%d",&x);
   switch(x)
   { case 1: printf("TRUE\n");
     case 0: printf("FALSE\n");
   }
}
```

若运行时从键盘上输入：1↙，则上面程序的输出结果是______。

A. TRUE　　B. FALSE　　C. TRUE
FALSE　　D. FALSE
TRUE

解题知识点：switch语句的结构和break语句强制退出switch结构的功能。

解：答案为C。在本题中，因为x=1，case 1是入口，并顺序执行case 0而不再判断，所以输出TRUE后又输出FALSE。若想输入1就输出TRUE，输入0就输出FALSE，则应该在printf("TRUE\n");后加语句break;，用来中断switch结构。

4.3　同步练习

一、选择题

1. C 语言中表示逻辑“真”值的是______。

   A. .T.　　B. 0　　C. true　　D. 非 0 值

2. x=5,y=8 时，C 语言表达式 x+5<=y−3<x−5 的值是______。

   A. 1　　B. 0　　C. 3　　D. 4

3. 能正确表示逻辑关系“a≥10 或 a≤0”的 C 语言表达式是______。

   A. a>=10 or a<=0　　B. a>=0 | a<=10

   C. a>=10 && a<=0　　D. a>=10||a<=0

4. 若已知 w=1,x=2,y=3,z=4,a=5,b=6，则执行以下语句后的 a 值为（1），b 值为（2）。

   ```
   (a=w>x)&&(b=y>z);
   ```

   （1）A. 5　　B. 0　　C. 1　　D. 2

   （2）A. 6　　B. 0　　C. 1　　D. 4

5. 设有定义：int a=3,b=4,c=5;则下面的表达式中，值为 0 的表达式是______。

   A. 'a' && 'b'　　B. a<=b

   C. a || b+c && b−c　　D. !((a<b) &&!c||1)

6. 满足：当 a 和 b 的值都大于 0 小于 n 时值为“真”，否则值为“假”的表达式是______。

   A. (a==0)&&(b>0)&&(a<n)&&(b<n)

   B. a&&b&&(a<n)&&(b<n)

   C. !(a<=0)||!(b<=0)||!(b>=n)||!(a>=n)

   D. !(a<=0)&&!(b<=0)&&!(b>=n)&&!(a>=n)

7. 下面程序的输出结果是______。

   ```
   #include"stdio.h"
   void main()
   {  int a=-1,b=4,k;
      k=(a++<=0)&&(!(b--<=0));
      printf("%d %d %d\n",k,a,b);
   }
   ```

   A. 0 0 3　　B. 0 1 2　　C. 1 0 3　　D. 1 1 2

8. 有如下程序段：

   ```
   int a=14,b=15,x;
   char c='A';
   x=(a&&b) &&(c<'B');
   ```

   执行该程序段后，x 的值为______。

   A. true　　B. false　　C. 0　　D. 1

9. C 语言的 if 语句嵌套时，if 与 else 的配对关系是______。

   A. else 总是与它前面最近的未配对的 if 配对

   B. else 总是与最外层的 if 配对

   C. else 与 if 的配对是任意的

D. else总是与它前面的if配对

10. 有如下程序：

```
#include"stdio.h"
void main()
{ int a=2,b=-1,c=2;
  if(a<b)
    if(b<0) c=0;
  else c++;
  printf("%d\n",c);
}
```

该程序的输出结果是______。

A. 0　　B. 1　　C. 2　　D. 3

11. 下面程序的输出结果是______。

```
#include"stdio.h"
void main()
{  int x=100,a=10,b=20,ok1=5,ok2=0;
   if(a<b)
   if(b!=15)
   if(!ok1) x=1;
   else if(ok2) x=10;
   printf("%d\n",x);
}
```

A. 100　　B. 10　　C. 1　　D. 不确定的值

12. 若w=1,x=2,y=3,z=4，则条件表达式w<x?w:y<z?y:z的结果为______。

A. 4　　B. 3　　C. 2　　D. 1

13. 若w、x、y、z均为int型变量，则执行以下语句后的结果为______。

```
w=3;z=7;x=10;
printf("%2d ",x>10? x+100:x-10);
printf("%2d",w++||z++);
printf("%2d",!w>z);
printf("%2d",w&&z);
```

A. 0 1 1 1　　B. 1 1 1 1　　C. 0 1 0 1　　D. 0 1 0 0

14. 以下关于switch语句和break语句的描述中，只有______是正确的。

A. 在switch语句中，必须使用break语句

B. break语句只能用于switch语句中

C. 在switch语句中，可以根据需要使用或不使用break语句

D. break语句是switch语句的一部分

15. 设有说明语句int a=1,b=0;则执行以下语句后的输出结果是______。

```
switch(a)
{  case 1: switch(b)
           {  case 0:printf("**0**\n");break;
              case 1:printf("**1**\n");break;
           }
   case 2: printf("**2**\n");break;
}
```

A. **0**
1
2

B. **0**
2

C. **0**

D. 有语法错误

二、填空题

1. 设 x,y,z 均为 int 型变量，请用 C 语言在以下横线上描述下列命题。
（1）x 和 y 中有一个小于 z。　　____（1）____
（2）x,y,z 中有两个为负数。　　____（2）____
（3）y 是奇数。　　____（3）____

2. 若已说明 x,y,z 均为 int 型变量，请在以下横线上写出各 printf 语句的输出结果。
（1）x=y=z=0;
++x||++y&&++z;
printf("x=%d,y=%d, z=%d\n",x,y,z);　　____（1）____
（2）x=y=z=−1;
++x&&++y&&++z;
printf("x=%d, y=%d, z=%d\n",x,y,z);　　____（2）____
（3）x=y=z=−1;
x++&&−−y&&z−−||−−x;
printf("x=%d, y=%d, z=%d\n",x,y,z);　　____（3）____

3. 表示“整数 x 的绝对值大于 5”时值为“真”的 C 语言表达式是________。

4. 设 a,b,c,t 为整型变量，初值为 a=3,b=4,c=5，执行完 t=!(a+c)+c−1&&b+c/2 后，t 的值是________。

5. 当 a=1,b=2,c=3 时，执行下面的 if 语句后 a=____（1）____,b=____（2）____,c=____（3）____。

```
if(a>c) b=a;a=c;c=b;
```

6. 完善程序：将两个数从小到大输出（设输入为 6.7, 3.5）。

```
#include"stdio.h"
void main()
{  float a,b,__(1)__;
   scanf(__(2)__,&a,&b);
   if(a>b)  { t=a;__(3)__;b=t;  }
   printf("%5.2f,%5.2f\n",a,b);
}
```

7. 输入字母 a 时，下面程序的输出结果是________。

```
#include"stdio.h"
void main()
{ char ch;
  ch=getchar();
  (ch>='a' && ch<='z')?putchar(ch+'A'-'a'):putchar(ch);
}
```

8. 完善程序：判断输入的一个整数是否能被 3 或 7 整除，若能则输出“YES”，若不能则输出“NO”。

```
#include"stdio.h"
void main()
```

```
{ int k;
  printf("Enter a int number:");scanf("%d",&k);
  if(______) printf("YES\n");
  else printf("NO\n");
}
```

9. 完善程序：输入一个学生的生日（年 y0、月 m0、日 d0），并输入当前日期（年 y1、月 m1、日 d1），求该学生的年龄。

```
#include"stdio.h"
void main()
{ int age,y0,m0,d0,y1,m1,d1;
  printf("Enter the birthday:");
  scanf("%d%d%d",&y0,&m0,&d0);
  printf("Enter the corrent date:");
  scanf("%d%d%d",&y1,&m1,&d1);
  age=y1-y0;
  if(m0 __(1)__ m1) age--;
  if((m0 __(2)__ m1)&&(d0 __(3)__ d1)) age--;
  printf("age=%d\n",age);
}
```

三、编程题

1. 输入一个整数，如果是奇数则输出“odd”，是偶数则输出“even”。
2. 输入任意 4 个整数，输出最大数和最小数。
3. 有如下函数：

$$y=\begin{cases} x & 当 -10<x<0 \\ -1 & 当 x=0 \\ 5x-3 & 当 0<x<10 \end{cases}$$

编写一个程序，要求输入 x 的值，输出 y 的值。

4. 输入三角形的 3 条边长，判断它是等边三角形、等腰三角形、直角三角形还是一般三角形。变量设计：输入量 a,b,c 为 int 型；输出量为字符串常量。
5. 企业发放奖金时根据利润计算提成。利润（profits）低于或等于 10 万元（profits≤10 万）时，奖金可提成 10%；利润高于 10 万元低于或等于 20 万元（10 万 < profits≤20 万）时，低于或等于 10 万元部分按 10%提成，高于 10 万元的部分，可提成 7.5%；20 万 < profits≤40 万时，高于 20 万元的部分，可提成 5%；40 万 < profits≤60 万时，高于 40 万元的部分，可提成 3%；60 万 < profits≤100 万时，高于 60 万元的部分，可提成 1.5%；profits > 100 万时，高于 100 万元的部分，可提成 1%。从键盘输入当月利润 profits，求应发放的奖金总数（bonus）。

4.4 参考答案

一、选择题

1. D　　2. B　　3. D　　4. （1）B （2）A
5. D　　6. D　　7. C　　8. D

9. A　　10. C　　11. A　　12. D

13. C　　14. C　　15. B

二、填空题

1. （1）x<z||y<z　　（2）((x<0)&&(y<0))||(x<0)&&(z<0)||((y<0)&&(z<0))　　（3）(y%2)==1
2. （1）x=1,y=0,z=0　　（2）x=0,y=-1,z=-1　　（3）x=0,y=-2,z= -2
3. x>5||x<-5
4. 1
5. （1）3　　（2）2　　（3）2
6. （1）t　　（2）"%f,%f"　　（3）a=b
7. A
8. k%3==0 || k%7==0
9. （1）>　　（2）==　　（3）>

三、编程题

1. 变量设计：输入量 a 为 int 型；输出量为字符串常量。

   数学模型：a%2 等于 1 是奇数，等于 0 是偶数。

   算法设计：

   （1）输入 a。

   （2）如果 a%2 等于 1 则输出“odd”，否则输出“even”。

   程序设计：

```
#include"stdio.h"
void main()
{ int a;
  printf("a=");
  scanf("%d",&a);
  if(a%2==1)  printf("odd\n");     /* 表达式“a%2==1”也可以写成“a%2”  */
  else printf("even\n");
}
```

   程序测试：

```
a=5↙
odd
```

   再运行一次：

```
a=6↙
even
```

2. 变量设计：输入量为 a,b,c,d；输出量为最大数 max 和最小数 min。均为 int 型。

   算法设计：

   （1）输入无序的 a,b,c,d；max=min=a（以 a 为基准）。

   （2）分别用 b,c,d 与 max 和 min 比较，大于 max 则赋给 max，小于 min 则赋给 min。

   （3）输出 max 和 min。

   程序设计：

```
#include"stdio.h"
void main()
{  int a,b,c,d,max,min;
   printf("a,b,c,d=");
   scanf("%d,%d,%d,%d",&a,&b,&c,&d);
   max=min=a;
   if(b>max) max=b;
      else if(b<min) min=b;
   if(c>max) max=c;
      else if(c<min) min=c;
   if(d>max) max=d;
      else if(d<min) min=d;
   printf("max=%d,min=%d\n",max,min);
}
```

程序测试：

```
a,b,c,d=3,5,7,9↙
max=9,min=3
```

第二次运行：

```
a,b,c,d=9,7,5,3↙
max=9,min=3
```

第三次运行：

```
a,b,c,d=5,9,3,7↙
max=9,min=3
```

3. 变量设计：输入量 x；输出量 y。均为 int 型。

程序设计：

```
#include"stdio.h"
void main()
{  int x,y;
   printf("x=");
   scanf("%d",&x);
   if(x>-10 && x<0) y=x;
   if(x==0) y=-1;
   if(x>0 && x<10) y=5*x-3;   /* 注意乘号不能省略 */
   printf("y=%d\n",y);
}
```

程序测试：

```
x=-5↙
y=-5
```

第二次运行：

```
x=0↙
y=-1
```

第三次运行：

```
x=5↙
y=22
```

4. 算法设计：

（1）输入 3 条边长 a,b,c。

（2）如果 3 条边长相等，则是等边三角形；

　　否则，如果有两条边长相等，则是等腰三角形；

　　　　否则，如果一条边的平方等于另外两边的平方和，则是直角三角形；

　　　　　　否则是一般三角形。

程序设计：

```
#include"stdio.h"
void main()
{  int a,b,c;
   printf("a,b,c=");
   scanf("%d,%d,%d",&a,&b,&c);
   if(a==b && b==c)
      printf("Equilateral triangle \n");              /* 等边三角形 */
   else if(a==b || b==c || a==c)
          printf("Isosceles triangle \n");            /* 等腰三角形 */
        else if(a*a==b*b+c*c || b*b==a*a+c*c || c*c==a*a+b*b)
               printf("Right triangle \n");           /* 直角三角形 */
             else printf("General triangle \n");      /* 一般三角形 */
}
```

程序测试：

```
a,b,c= 5,5,5↙
Equilateral triangle
```

第二次运行：

```
a,b,c= 5,8,5↙
Isosceles triangle
```

第三次运行：

```
a,b,c= 3,4,5↙
Right triangle
```

第四次运行：

```
a,b,c= 6,7,8↙
General triangle
```

5. 变量设计：输入量利润 profit 为 long 型；输出量奖金 bonus 为 float 型。中间变量 b1（profits ≤10 万时的提成），b2（10 万＜profits≤20 万时的提成），b4（20 万＜profits≤40 万时的提成），b6（40 万＜profits≤60 万时的提成），b10（60 万＜profits≤100 万时的提成），均为 float 型。

方法 1：用 if 语句实现。

```
#include"stdio.h"
void main()
{ long profit;
  float bonus,b1,b2,b4,b6,b10;
  b1=1e5*0.1;
  b2=b1+1e5*0.075;
  b4=b2+2e5*0.05;          /* 提成等级 */
  b6=b4+2e5*0.03;
  b10=b6+4e5*0.015;
  printf("Enter the profits:");scanf("%ld",&profit); /* 输入利润 */
```

```
  if(profit<=1e5)  bonus=profit*0.1;                    /* 计算奖金 */
  else if(profit<=2e5)  bonus=b1+(profit-1e5)*0.075;
     else if(profit<=4e5)  bonus=b2+(profit-2e5)*0.05;
        else if(profit<=6e5)  bonus=b4+(profit-4e5)*0.03;
           else if(profit<=1e6)  bonus=b6+(profit-6e5)*0.015;
              else  bonus=b10+(profit-1e6)*0.01;
  printf("The bonus is: %.2f\n",bonus);                     /* 输出奖金 */
}
```

程序测试：

```
Enter the profits: 234000↙
The bonus is: 19200.00
```

方法2：用switch语句实现。

```
#include"stdio.h"
void main()
{ long profit;float bonus,b1,b2,b4,b6,b10;int grade;
  b1=1e5*0.1;b2=b1+1e5*0.075;b4=b2+2e5*0.05;
  b6=b4+2e5*0.03;b10=b6+4e5*0.015;
  printf("Enter the profits:");scanf("%ld",&profit);
  switch(profit/1e5)
  { case 0: bonus=profit*0.1;break;
    case 1: bonus=b1+(profit-1e5)*0.075;break;
    case 2: case 3:bonus=b2+(profit-2e5)*0.05;break;
    case 4: case 5:bonus=b4+(profit-4e5)*0.03;break;
    case 6: case 7:case 8: case 9: bonus=b6+(profit-6e5)*0.015; break;
    default: bonus=b10+(profit-1e6)*0.01;
  }
  printf("The bonus is: %.2f\n",bonus);
}
```

第 5 章　循环结构的程序设计

5.1　要点、难点阐述

用计算机解决实际问题，总是从复杂的问题中找到规律，并归结为简单问题的重复，即循环处理。

1. 三种结构化的循环语句

① While(表达式) 语句

② do 语句 while(表达式);

③ for(表达式 1;表达式 2;表达式 3) 语句

其中，“语句”是循环体，循环体只能是一个语句。当循环体由多个语句组成时，必须用花括号括起来，以一个复合语句的形式出现。

while 循环和 do...while 循环中的“表达式”是循环条件，其值“非 0”时重复执行循环体，为“0”则循环结束。前者是先判断循环条件后执行循环体，所以若一开始循环条件就为“0”，则循环体一次也不执行；后者是先执行循环体后判断循环条件，所以至少要执行一次循环体。这两种循环通常在进入循环前先初始化，在循环体内或在循环条件中必须有修改循环条件的内容，以使循环趋于结束。

for 循环是 while 循环的变形，通常“表达式 1”是循环的初始化，“表达式 2”是循环条件，“表达式 3”修改循环条件。这种形式的循环看上去更简洁。

循环结构的程序块应该具备 4 个要素：

① 初始化：即做好循环前的准备工作。

② 循环体：需要重复执行的一条语句或一个复合语句。复合语句中可以是顺序结构的语句，也可以是选择结构的语句，还可以是循环结构的语句。

③ 循环条件：循环结构设计的关键，它决定着循环体重复执行的次数。循环条件通常的形式是关系表达式或逻辑表达式。

④ 修正循环：即循环中必须有使循环趋向于结束的成分，避免死循环，以保证循环正常结束。

注意： 在程序运行过程中如果出现“死循环”现象，可以按【Ctrl+Break】组合键结束程序运行，返回到程序编辑状态。

2. 三种常用的循环控制方法

（1）计数控制

当循环的次数已知时（或者当循环的初值、终值、增量已知时），用计数控制，此时用 for 循环较方便。如循环 10 次：

```
for(i=1;i<=10;i++) 循环体
```

（2）条件控制

在循环次数未知，但循环结束条件已知的情况下，用条件控制。若循环体至少要执行一次，用 while 语句和 do...while 语句均可。若循环体有可能一次也不执行，则应该用 while 语句。

（3）结束标志控制

当循环输入、处理一批数据，而数据个数在编程时不能确定，可以人为地规定一个特定的数据（最好是数据中不可能出现的数据）作为“结束标志”，并以此作为循环结束条件，用 while 语句描述。在程序运行过程中输入数据时，最后输入“结束标志”。

例如，商店统计票据款 y，每张票据上的金额为 x，可以用“-1”作为结束标志：

```
#include"stdio.h"
void main()
{ double x,y;
   y=0;
   scanf("%lf",&x);
   while(x!=-1)
     { y+=x;scanf("%lf",&x);}
   printf("y=%g\n",y);
}
```

3. 三种常用的算法设计方法

① 穷举法：又称枚举法，就是把需要解决问题的所有可能情况，按某种顺序逐一列举并检验，从中找出符合条件的解的方法。用穷举法有两个要点：一是列举范围，二是检验条件。特点是有初值、终值和增量，所以通常采用计数控制，用 for 语句实现。

② 迭代法：也称辗转法，是一种不断用变量的原值推导出新值的方法。用迭代法有三个要点：一是确定迭代变量（在可以用迭代法解决的问题中，必须存在一个或多个直接或间接的不断由原值递推出新值的变量，这些变量就是迭代变量）；二是建立迭代关系，即如何从变量的前一个值推出其下一个值；三是迭代结束条件，即需要迭代的次数无法确定，直到满足某种条件才结束。所以，通常采用条件控制，用 while 语句或 do...while 语句实现。

③ 递推法：所谓递推，是指从已知的初始条件出发，逐次推出所要求的各中间结果和最后结果。递推本质上也是迭代，递推法与迭代法的不同之处在于，迭代法迭代次数无法预知，而递推法所需的迭代次数是个确定的值，可以计算出来。所以，通常采用计数控制，用 for 语句实现。用递推法有三个要点：一是初始条件，二是迭代关系，三是迭代次数。

4. 中断循环

continue 语句中断本次循环，即跳过循环体中尚未执行的语句。在 for 循环语句中，遇到 continue 语句，就越过其后面的语句，先计算“表达式 3”，再执行“表达式 2”，然后根据“表达式 2”值的“真”与“假”决定是否继续下一次循环。在 while 循环和 do...while 循环语句中，遇到 continue 语句后，直接转到条件测试部分（计算括号中的表达式），根据表达式值的“真”与“假”决定是否继续下一次循环。

break 语句终止整个循环，即将控制转到循环体外。

注意：当循环嵌套时，break 语句只终止它所在的那层循环。

5.2　例题分析

【例 5.1】读下列程序：

```
#include"stdio.h"
void main()
{ int i,s;
  for(i=1;i<=5;i++)
    s+=i;
  printf("i=%d,s=%d\n",i,s);
}
```

则上面程序的输出结果是______。

A. i=5,s=15　　B. i=6,s=15

C. i=6,s 的值不定　　D. 无输出

解题知识点：变量的初始化；循环控制变量。

解：答案为 C。本题中循环控制变量是 i，控制循环体执行 5 次，实现 1+2+3+4+5 的累加，当 i 等于 6 时循环结束（for 语句执行 6 次）。s 作为累加器用来存放累加和，但是由于 s 没有初始化，所以 s 的值不定。在本题中，可以写成 s=0;for(i=1;i<=5;i++)或 for(s=0,i=1;i<=5;i++)。

注意：用作累加器的变量必须初始化。

【例 5.2】读下列程序：

```
#include"stdio.h"
void main()
{  int x=4;
   do printf("%d",x--);while(!x);
}
```

则上面程序的输出结果是______。

A. 4321　　B. 3210　　C. 死循环　　D. 4

解题知识点：do...while 循环；逻辑非运算；自减运算。

解：答案为 D。本题先执行 do...while 循环语句的循环体 printf("%d",x--);，输出 x 的当前值 4，x 自减为 3，然后计算 while 中表达式的值，x=3 非 0 即为“真”，!x 即为“假”，循环结束。

注意：在表达式中不要以为只有值为 1 时才是“真”，C 语言规定“非 0”即为“真”。

【例 5.3】读下列程序：

```
#include"stdio.h"
void main()
{  int x=3;
   while(x--);printf("%d",x);
```

```
}
```

则上面程序的输出结果是______。

A. 321　　B. 21　　C. 210　　D. -1

解题知识点：while循环；自减运算。

解：答案为D。请注意程序第三行的分号，它说明while循环的循环体为空语句，即当括号内的表达式值非0时，什么也不做，直到表达式的值为0时循环结束，执行输出语句。while语句的执行过程是：① x--的当前值为3，非0执行空语句，x自减为2；② x--的当前值为2，非0执行空语句，x自减为1；③ x--的当前值为1，非0执行空语句，x自减为0；④ x--的当前值为0，循环结束，x自减为-1。所以，输出结果为-1。注意：不要滥用分号。

【例5.4】读下列程序：

```
#include"stdio.h"
void main()
{  int i=1,sum=0;
   while(i<=5) sum+=i;
   printf("sum=%d\n",sum);
}
```

则上面程序的输出结果是______。

A. 无输出　　B. 死循环　　C. 编译出错　　D. sum=15

解题知识点：while循环；循环控制变量的修正。

解：答案为B。本题中循环控制变量是i，它初值为1，终值为5，循环的结束条件是i>5，而在循环体中、循环条件（while后括号中的表达式）中均无修正i值的内容，i永远为1，所以程序将陷入死循环。

【例5.5】读下列程序：

```
#include"stdio.h"
void main()
{  int a,b;
   for(b=1,a=1;a<100;a++)
   { if(b>=10)break;
     if(b%3)
      { b+=8;continue;}
     b-=5;
   }
   printf("a=%d,b=%d\n",a,b);
}
```

则上面程序的输出结果是______。

A. a=4,b=12　　B. a=6,b=11　　C. a=3,b=17　　D. a=100,b=11

解题知识点：continue语句和break语句的功能。

解：答案为A。本题中退出for循环的条件实际上有两个：一个是a≥100，另一个是b≥10。程序的执行过程是：① a、b的初值为1，a<100，第一次循环时，b<10，b%3值非0，执行b+=8;continue;，b值为9，continue导致不执行b-=5;，而结束本次循环；② a++值为2，a<100，

第二次循环时，b 值为 9，小于 10，b%3 值为 0，执行 b-=5;，b 值为 4；③ a++值为 3，a<100，第三次循环时，b 值为 4，小于 10，b%3 值非 0，执行 b+=8;continue;，b 值为 12，不执行 b-=5;；④ a++值为 4，a<100，第四次循环时，b 值为 12，大于 10，执行 break 语句退出循环。所以，a=4,b=12。

【例 5.6】若有定义 int i,j;，则以下程序段中内循环体总的执行次数是______。

```
for(i=5;i;i--)
  for(j=0;j<4;j++)
    {…}
```

A. 20　　B. 16　　C. 24　　D. 30

解题知识点：循环嵌套。

解：答案为 A。本题考查的是循环的嵌套和 for 循环中“表达式 2”的含义。循环嵌套时，内层循环是外层循环的循环体。本题外层循环中“表达式 2”即 i 所代表的含义是 i!=0 时，执行循环体，所以内层循环要执行 5 次，即 i 的值分别为 5、4、3、2、1；而每执行一次内层循环，其循环体要执行（j=0、1、2、3）4 次，因此内循环体总的执行次数是 5×4=20。

【例 5.7】在执行下面程序时，如果从键盘上输入：ABCdef↙，则程序的输出结果是______。

```
#include "stdio.h"
void main()
{  char ch;
   while((ch=getchar())!='\n')
   { if(ch>='A' && ch<='Z')  ch+=32;
     else  if(ch>='a' && ch<='z')  ch-=32;
     printf("%c",ch);
   }
   printf("\n");
}
```

A. ABCdef　　B. abcDEF　　C. abc　　D. DEF

解题知识点：while 循环的控制；大小写字母的转换。

解：答案为 B。本题中 while 循环的结束条件是读取的字符是回车符（'\n'）。函数 getchar()的功能是从键盘读取一个字符，由于赋值号（=）的优先级低于不等号（!=），所以要用圆括号将赋值表达式括起。在本题中，语句 if(ch>='A' && ch<='Z') ch+=32;的功能是：若 ch 是大写字母就转换成小写字母，同样，if(ch>='a' && ch<='z') ch-=32;的功能是：若 ch 是小写字母就转换成大写字母。

5.3　同步练习

一、选择题

1. 以下程序的输出结果是______。

```
#include "stdio.h"
void main()
{ int i=1,sum=0;
  while(i<10) sum=sum+i;i++;
  printf("i=%d,sum=%d\n",i,sum);
}
```

A. i=10,sum=9　　B. i=9,sum=9

C. i=2,sum=1　　D. 运行出现死循环

2. 有如下程序：

```
#include "stdio.h"
void main()
{  int n=9;
   while(n>6)
   { n--;printf("%d",n);  }
}
```

该程序的执行结果是______。

A. 987　　B. 876　　C. 8765　　D. 9876

3. 下面的程序______。

```
#include "stdio.h"
void main()
{  int x=3;
   do printf("%d\n",x-=2);while(!(--x));
}
```

A. 输出的是1　　B. 输出的是1和-2

C. 输出的是3和0　　D. 是死循环

4. 若a、b均为int型变量，且a=100，则以下关于for循环语句的正确判断是______。

```
for(b=100;a!=b;++a,b++)  printf("----\n");
```

A. 循环体只执行一次　　B. 是死循环

C. 循环体一次也不执行　　D. 输出----

5. 设i和k都是int型，则如下for循环语句______。

```
for(i=0,k=-1;k=1;i++,k++)  printf("****\n");
```

A. 循环结束的条件不合法　　B. 是无限循环

C. 循环体一次也不执行　　D. 循环体只执行一次

6. 若x是int型变量，且有下面的程序段：

```
for(x=3;x<6;x++)
printf((x%2)?("**%d"):("##%d\n"),x);
```

输出结果是______。

A. **3
##4
**5

B. ##3
**4
##5

C. ##3
**4##5

D. **3##4
**5

7. 以下不正确的描述是______。

A. 使用while和do...while循环时，循环变量的初始化应在循环语句之前完成

B. while循环是先判断表达式，后执行循环体语句

C. do...while和for循环均是先执行循环体语句，后判断表达式

D. for、while和do...while循环中的循环体均可由空语句构成

8. 以下不正确的叙述是______。

A. break语句不能用于循环语句和switch语句外的任何其他语句

B. 在switch语句中使用break语句或continue语句作用相同

C. 在循环语句中使用 continue 语句是结束本次循环，而不是终止整个循环

D. 在循环语句中使用 break 语句是为了使流程跳出循环，提前结束循环

9. 设 i 和 x 都是 int 型，则 for 循环语句______。

```
for(i=0,x=0;i<=9 && x!=876;i++)  scanf("%d",&x);
```

A. 最多执行 10 次　　B. 最多执行 9 次

C. 是无限循环　　D. 循环体一次也不执行

10. 下面程序的输出结果是______。

```
#include "stdio.h"
void main()
{  int n;
   for(n=1;n<10;n++)
   {  if(n%3==0) continue;
      printf("%d",n);
   }
   printf("\n");
}
```

A. 124578　　B. 369　　C. 12　　D. 123456789

二、填空题

1. 下面的程序，若输入字母 c，则输出结果是 （1） ，若输入字符*，程序将 （2） 。

```
#include "stdio.h"
void main()
{ char c1,c2;
  c1=getchar();
  while(c1<97||c1>122)  c1=getchar();
  c2=c1-32;
  printf("%c,%c\n",c1,c2);
}
```

2. 如果输入 1,2,3,4，以下程序的输出结果是________。

```
#include "stdio.h"
void main()
{ char c;int i,k=0;
  for(i=0;i<4;i++)
  {  while(1)
     { c=getchar();if(c>='0' && c<='9') break; }
     k=k*10+c-'0';
  }
  printf("k=%d\n",k);
}
```

3. 若程序运行时，输入数据 right?↙，则程序的执行结果是________。

```
#include "stdio.h"
void main()
{ char c;
  while((c=getchar())!='?')  putchar(++c);
}
```

4. 设 i 为 int 型变量，则下面程序段的输出结果是________。

```
for(i=1;i<=3;i++) printf("OK");
```

5. 设 i,j,k 均为 int 型变量，则执行完以下 for 语句后，k 的值是________。

```
for(i=0,j=10;i<=j;i++,j--) k=i+j;
```

6. 下面程序的输出结果是________。

```
#include "stdio.h"
void main()
{  int i=1;
   while(i<10)
     if(++i%3!=1) continue;
     else printf("%d\t",i);
   printf("\n");
}
```

7. 完善程序：试求 1 000 以内的“完全数”。(提示：一个数如果恰好等于它的因子之和，这个数就称为“完全数”。例如，6 的因子为 1，2，3，而 6=1+2+3，因此 6 是“完全数”。)

```
#include "stdio.h"
void main()
{ int i,a,m;
  for(i=1;i<1000;i++)
   { for(m=0,a=1; a<=i/2; a++)
       if(!(i%a))   ___(1)___;
     if(___(2)___) printf("%5d",i);
   }
}
```

8. 爱因斯坦的阶梯问题。设有一阶梯，每步跨 2 阶，最后余 1 阶；每步跨 3 阶，最后余 2 阶；每步跨 5 阶，最后余 4 阶；每步跨 6 阶，最后余 5 阶；只有每步跨 7 阶，正好到阶梯顶。问共有多少阶。

```
#include "stdio.h"
void main()
{ int a=7;
  while(________) a+=14;
  printf("Flight of stairs=%d\n",a);
}
```

9. 输入整型数据，统计大于零的个数和小于零的个数。输入 0 作为结束输入标志。

```
#include "stdio.h"
void main()
{ int n,i,j;
  printf("Enter int number,with 0 to end\n");
  i=j=0;
  scanf("%d",&n);
  while ___(1)___
  { if(n>0)  i= ___(2)___;
    if(n<0)  j= ___(3)___;
    ___(4)___;
  }
  printf("i=%4d j=%4d\n",i,j);
}
```

10. 下面是求 *n* 的阶乘的程序。

```
#include "stdio.h"
```

```
void main()
{ int i,n;long np;
  scanf("%d",&n);
  np= __(1)__;
  for(i=2;i<=n;i++)  __(2)__;
  printf("%d!=%ld\n",n,np);
}
```

11. 下面的程序求 1～100 的整数累加和。

```
#include "stdio.h"
void main()
{ int i,sum=__(1)__;
  i=1;
  for(__(2)__)  { sum+=i;i++; }
  printf("sum=%d\n",__(3)__);
}
```

12. 下面的程序计算圆周率（π）的近似值，即 $\frac{\pi}{4}=1-\frac{1}{3}+\frac{1}{5}-\frac{1}{7}+\cdots$。

```
#include "stdio.h"
#include "math.h"
void main()
{ int s; float n,__(1)__;double t;
  t=1;pi=0;n=1;s=1;
  while(__(2)__>=1e-6)
  { pi+=t;n+=2;s=-s;t=s/n;}
  pi*=__(3)__;
  printf("pi=%.6f\n",pi);
}
```

13. 下面的程序判断一个数是否为素数。

```
#include "stdio.h"
#include "math.h"
void main()
{ int i,k,m;
  scanf("%d",&m);
  k=sqrt(__(1)__);
  for(i=2;i<=k;i++)
    if(m%i==0)  __(2)__;
  if(__(3)__)  printf("%d is a prime number.\n",m);
  else printf("%d is not a prime number.\n",m);
}
```

14. 下面的程序将字母转换成密码，转换规则是：将当前字母变成其后的第四个字母，但 W 变成 A、X 变成 B、Y 变成 C、Z 变成 D。小写字母的转换规则相同。

```
#include "stdio.h"
void main()
{ char c;
  while((c=__(1)__)!='\n')
  { if((c>='a' && c<='z')||(c>='A' && c<='Z'))  __(2)__;
    if((c>'Z' && c<='Z'+4)||c>__(3)__)  c-=26;
    printf("%c",c);
```

```
    }
}
```

15. 下面的程序求 100～499 之间的所有“水仙花数”，即各位数字的立方和恰好等于该数本身的数。

```
#include "stdio.h"
void main()
{ int i,j,k,m,n;
  for(i=1;____(1)____;i++)
    for(j=0;j<=9;j++)
      for(k=0;k<=9;k++)
      { ____(2)____;
        n=i*i*i+j*j*j+k*k*k;
        if(____(3)____)  printf("%d\t",m);
      }
}
```

三、编程题

1. 求 1-3+5-7+…-99+101 的值。
2. 输入一组整数，统计并输出其中正数、负数和零的个数。
3. 有一分数序列：2/1,3/2,5/3,8/5,13/8,21/13…求出这个数列的前 20 项之和。
4. 编写程序，求出所有各位数字的立方和等于 1 099 的 3 位数。
5. 输入一行字符，分别统计出其中的英文字母、空格、数字和其他字符的个数。
6. 求 $\sum_{n=1}^{20} n!$（即求 1!+2!+3!+…+20!）。
7. 试求 1 000 以内的“完数”。（一个数如果恰好等于它的因子之和，这个数就称为“完数”。例如，6 的因子为 1、2、3，而 6=1+2+3，因此 6 是“完数”。）
8. 输入两个正整数 m 和 n，求其最大公约数（greatest common divisor）和最小公倍数（lowest common multiple）。

四、趣味编程题

1. 一个数如果恰好出现在它的平方数的右侧，这个数就称为“同构数”。例如，6 出现在它的平方数 36 的右侧，因此 6 是“同构数”。编程找出 100 以内的所有同构数。
2. 一个数如果恰好等于它每一位数字的立方和，这个数就称为“阿姆斯特朗数”。例如，$407=4^3+0^3+7^3$，因此 407 是“阿姆斯特朗数”。编程找出 1 000 以内的所有阿姆斯特朗数。

5.4 参考答案

一、选择题

1. D	2. B	3. B	4. C	5. B
6. D	7. C	8. B	9. A	10. A

二、填空题

1. （1）c,C　　（2）等待继续输入，直到输入小写字母

2. k=1234
3. sjhiu
4. OK
5. 10
6. 4　　　7　　　10
7. （1）m+=a　　（2）m==i
8. a%3!=2 || a%5!=4 || a%6!=5 或!(a%2==1&& a%3==2 && a%5==4 && a%6==5)
9. （1）(n!=0)　　（2）i+1　　（3）j+1　　（4）scanf("%d",&n)
10. （1）1　　（2）np*=i
11. （1）0　　（2）;i<=100;　　（3）sum
12. （1）pi　　（2）fabs(t)　　（3）4
13. （1）m　　（2）break　　（3）i>k
14. （1）getchar()　　（2）c+=4　　（3）'z'
15. （1）i<=4　　（2）m=i*100+j*10+k　　（3）m==n

三、编程题

1. 变量设计：循环变量 i 初值为 1，终值为 101，增量为 2；符号量 n；输出量累加和 s，均为 int 型。

算法设计：循环有初值、终值和增量，用计数控制，用 for 语句实现。

（1）初始化：符号量 n=1；累加和 s=0。

（2）循环变量 i 从 1 到 101，每次加 2，循环做：{s+=n*i;n=-n;}。

（3）输出 s。

程序设计：

```
#include"stdio.h"
void main()
{  int i,n,s;
   n=1;s=0;
   for(i=1;i<=101;i+=2)
     {s+=n*i;n=-n;}
   printf("s=%d\n",s);
}
```

程序测试：

```
s=51
```

2. 变量设计：输入量 x 为 int 型；正数个数 conz，负数个数 conf，零的个数 conl，均为 int 型。

算法设计：由于需循环输入处理一批数据，而个数不定，所以用“结束标志”控制循环，用 while 语句实现。规定“结束标志”为 9999（设数据中没有 9999）。

（1）初始化：计数变量清零，即 conz=conf=conl=0；输入第一个数到 x 中。

（2）当 x 不等于 9999 时循环做：

① 如果 x 大于 0，则 conz++;

否则，如果 x 小于 0，则 conf++;

否则 conl++;

② 输入下一个数到 x 中。

（3）输出 conz、conf 和 conl。

程序设计：

```
#include"stdio.h"
void main()
{  int x,conz=0,conf=0,conl=0;
   printf("x=");scanf("%d",&x);
   while(x!=9999)
   { if(x>0)conz++;
     else if(x<0) conf++;
          else conl++;
     scanf("%d",&x);
   }
   printf("conz=%d,conf=%d,conl=%d \n",conz,conf,conl);
}
```

程序测试：

```
x= 3  5  0  -7  -9  -1  0  0  0  9999↙
conz=2,conf=3,conl=4
```

3. 变量设计：循环变量 i 控制循环 20 次；输出量是累加和 s 为 float 型；中间量是分母 a、分子 b 为 float 型（因为要做除法运算）。

算法设计：循环用计数控制，用 for 语句实现循环累加 20 次。当前项为 b/a，从第二项起，分母 a 是前一项的分子 b，分子 b 是前一项的分子加分母。

（1）初始化：累加和 s=0；第一项的分母 a=1；分子 b=2。

（2）循环变量 i 从 1 到 20，每次加 1，循环做：

① 累加当前项：s+=b/a;

② 迭代形成下一项的分母和分子：x=a（暂存）；a=b；b=x+b。

程序设计：

```
#include"stdio.h"
void main()
{  int i;
   float a,b,s,x;
   s=0;a=1;b=2;
   for(i=1;i<=20;i++)
   { s+=b/a; x=a;a=b;b=x+b;}
   printf("s=%.2f\n",s);
}
```

程序测试：

```
s=32.66
```

4. 变量设计：循环变量 x 从 100 到 999，每次加 1；x 的个位为 a、十位为 b、百位为 c。

算法设计：用穷举法，用 for 语句实现。循环变量 x 从 100 到 999，每次加 1，循环做：

（1）分离各位：a=x%10；b=x/10%10；c=x/100。

（2）如果 a,b,c 的立方和等于 1 099，则输出 x。

程序设计：

```
#include"stdio.h"
```

```
void main()
{  int x,a,b,c;
   for(x=100;x<=999;x++)
   { a=x%10;b=x/10%10;c=x/100;
     if(a*a*a+b*b*b+c*c*c==1099) printf("%d\t",x);
   }
}
```

程序测试：

```
379     397     739     793     937     973
```

5. 变量设计：输入量 ch 为 char 型；字母个数 letter，空格个数 space，数字个数 digit，其他字符个数 other，均为 int 型。

算法设计：由于需循环输入一行字符，而字符个数不定，所以用“结束标志”控制循环，用 while 语句实现。规定“结束标志”为'\n'（回车符）。

（1）初始化：计数变量清零。

（2）输入一个字符到 ch 中，当 ch 不等于'\n'时循环做：

如果是字符，则 letter++;

否则，如果是空格，则 space++;

　　否则，如果是数字，则 digit++;

　　　　否则 other++。

（3）输出 letter、space、digit 和 other。

程序设计：

```
#include "stdio.h"
void main()
{ char ch;int letter=0,space=0,digit=0,other=0;
  printf("Enter characters: ");
  while((ch=getchar())!='\n')          /* 注意: “=”的优先级低于“!=” */
  { if(ch>='A' && ch<='Z' || ch>='a' && ch<='z') letter++;
    else  if(ch==32) space++;
         else  if(ch>='0' && ch<='9') digit++;
              else other++;
  }
  printf("letter=%d,space=%d,digit=%d,other=%d\n",letter,space,digit,other);
}
```

程序测试：

```
Enter characters:10 yob,12 girl. ↙
letter=7,space=2,digit=4,other=2
```

6. 变量设计：循环变量 i 控制循环 20 次；输出量是累加和 sum，为 double 型；中间变量 t 存放 i 的阶乘，为 double 型。

算法设计：

（1）初始化：累加和 sum=0，当前的阶乘值 t=1。

（2）循环变量 i 从 1 到 20。循环做：求当前的阶乘值 t=t*i，求当前的累加和 sum=sum+t。

（3）输出 sum。

程序设计：

```
#include"stdio.h"
void main()
{ int i;
  double t,sum;
  sum=0;t=1;
  for(i=1;i<=20;i++)
   { t*=i;sum+=t; } /* 为了验证程序的正确性，可以在复合语句中输出 t 的值 */
  printf("sum=%e\n",sum);
}
```

程序测试：

```
sum=2.56133e+18
```

7. 变量设计：外循环变量 i 从 1 到 1 000，内循环变量 a 从 1 到 i/2，求 i 的因子，m 存放 i 的因子和，均为 int 型。

算法设计：循环变量 i 从 1 到 1 000 每次增 1。循环做：

（1）初始化 i 的因子和 m=1（因为 1 是任何数的因子）。

（2）a 从 2 到 i/2 每次增 1，循环做：如果 a 是 i 的因子，则 m+=a。

（3）如果 m 等于 i，即 i 是完数，则输出 i。

程序设计：

```
#include"stdio.h"
void main()
 { int i,a,m;
   for(i=1;i<1000;i++)
    { m=1;
      for(a=2;a<=i/2;a++)
        if(i%a==0)m+=a;
      if(m==i)  printf("%d\t",i);
    }
 }
```

程序测试：

```
1       6       28      496
```

8. 分析：最小公倍数=m×n/最大公约数；所以关键是求最大公约数。求最大公约数有多种方法，主教材中介绍了辗转相除法，下面再介绍 3 种方法。

方法 1：重复相减法。步骤是：

（1）当 m 不等于 n 时循环做：如果 m>n，则 m=m−n，否则 n=n−m。

（2）m 即为最大公约数。

```
#include"stdio.h"
void main()
{ int m,n,x,y;
  printf("m,n=");scanf("%d,%d",&m,&n);
  x=m;y=n;                        /*保留 m 和 n 的原始值，用来求最小公倍数*/
  while(m!=n)
    if(m>n)m-=n;else n-=m;
  printf("最大公约数=%d\n 最小公倍数=%d\n",m,x*y/m);
}
```

方法 2：用短除法实现。步骤是：

（1）初始化：如果 m<n 则互换，使 n 中存放的是两个数中较小的；k=1（用于公因子的累乘）。

（2）i 从 2 到 n，每次增 1，循环做（即公因子的最大可能是两个数中较小的）：

当 m 和 n 能同时被 i 整除时循环做（即用 i 重复试商，直到不能整除时为止）：

m/=i；n/=i；k*=i。

（3）k 即为最大公约数。

```
#include"stdio.h"
void main()
{ int m,n,x,y,i,k;
  printf("m,n=");scanf("%d,%d",&m,&n);
  x=m;y=n;
  if(m<n) { k=m;m=n;n=k; }          /*使 n 中存放的是 m 和 n 中较小的 */
  for(k=1,i=2;i<=n;i++)
    while(m%i==0&&n%i==0)
      { m/=i;n/=i;k*=i; }
  printf("greatest common divisor is: %d\n",k);
  printf("lowest common multiple is: %d\n",x*y/k);
}
```

方法 3：用穷举法，即在公因子的可能范围内一个个地测试：最大可能是两个数中较小的，最小可能是 1。步骤是：

（1）初始化：如果 m<n 则互换，使 n 中存放的是两个数中较小的。

（2）i 从 n 到 1，每次减 1，重复做：如果 m 和 n 能同时被 i 整除，则中断循环。

（3）i 即为最大公约数。

```
#include"stdio.h"
void main()
{ int m,n, i;
  printf("m,n=");scanf("%d,%d",&m,&n);
  if(m<n){i=m;m=n;n=i;}
  for(i=n;i>=1;i--)
    if(m%i==0&&n%i==0)  break;
  printf("greatest common divisor is: %d\n",i);
  printf("lowest common multiple is: %d\n",m*n/i);
}
```

四、趣味编程题

1. 分析：设 x 的同构数是 y，当 x<10 时，即 x 是一位数，取 y 的右一位（y%10）与 x 比较，相等则 x 是同构数；当 x≥10 时，即 x 是两位数，取 y 的右两位（y%100）与 x 比较，相等则 x 是同构数。

```
#include"stdio.h"
void main()
{  int x,y,i,k;
      for(x=1;x<=100;x++)
       {  if(x<10)k=10;else k=100;
          y=x*x;
          if(y%k==x)
            printf("%d---%d\n",x,y);
```

```
        }
    }
```

2. 分析：x 从 1 到 1 000 每次增 1 重复做：

（1）分离每一位，并累加其立方和。

（2）若立方和与 x 相等则输出 x。

注意：由于分离出 x 的每一位后，该位将被去掉，x 将被改变，所以分离过程用 x 的副本 y 进行。

```
#include"stdio.h"
void main()
   {  int x,y,s,k;
      for(x=1;x<=1000;x++)
       {  y=x;s=0;              /* y为x的副本，s存放累加和 */
          while(y)
          {  k=y%10;            /* 取y的最低位 */
             s+=k*k*k;          /* 累加立方和 */
             y/=10;             /* 去掉最低位 */
          }
          if(s==x)
            printf("%d\t",x);
       }
      printf("\n");
   }
```

第 6 章　编译预处理

6.1　要点、难点阐述

C 编译系统在对程序进行通常的编译之前，先对一些特殊的命令进行“预处理”，然后将预处理结果与源程序一起进行通常的编译，以得到目标代码。这些特殊命令称为预处理命令。

C 语言中所有以“#”开头的程序行都是编译预处理命令行。编译预处理命令行不是语句，所以末尾不一定加“;”号。

C 语言中编译预处理命令主要有 3 种：宏定义、文件包含、条件编译。

1. 宏定义

（1）不带参数的宏（即符号常量）定义

```
#define  宏名  字符串
```

（2）带参数的宏定义

```
#define  宏名(参数表)  字符串
```

（3）宏的调用

宏的调用就是在编译预处理阶段进行宏展开。不带参数的宏调用，宏展开是进行简单的字符串替换，即用宏定义中的字符串替换宏调用中的宏名；带参数的宏调用，宏展开不仅要进行字符串的替换，而且还要进行参数替换，即用宏定义中的字符串替换宏调用，且串中的形参用实参字符串替换。

（4）带参数的宏定义和宏调用注意事项

① 带参数的宏名与参数表的括号间不能有空格。

② 双引号内的字符串即使与宏名相同，也不进行替换。

③ 在带参数宏的定义中，字符串中的形参最好用圆括号括起来，否则由于实参可以是表达式，宏展开时可能造成与原意不符。如宏定义为：

```
#define  h(x)  x*x
```

若宏调用为：

```
h(a+b)
```

宏展开时，用实参 a+b 替换字符串 x*x 中的 x，展开结果为：

```
a+b*a+b
```

显然与原意不符。而将宏定义改为：

```
#define  h(x)  (x)*(x)
```

则可展开成：

```
(a+b)*(a+b)
```

2. 文件包含

文件包含有两种形式：

```
#include <文件名>
#include "文件名"
```

两种形式的区别是：使用尖括号时，系统按指定的标准方式查找被包含的文件；使用双引号时，系统首先在源程序所在的目录中查找被包含文件，当找不到时，再按系统指定的标准方式去查找。

注意：一条文件包含命令只能包含一个文件，且独占一行。

3. 条件编译

条件编译有 3 种形式：

```
(1)#ifdef 标识符
       程序段1
   #else
       程序段2
   #endif
```

```
(2)#ifndef 标识符
       程序段1
   #else
       程序段2
   #endif
```

```
(3)#if 表达式
       程序段1
   #else
       程序段2
   #endif
```

3 种形式的区别是：形式（1）是当标识符用#define 命令定义过时，则在编译阶段编译“程序段 1”，否则编译“程序段 2”；形式（2）是当标识符未用#define 命令定义过时，则在编译阶段编译“程序段 1”，否则编译“程序段 2”；形式（3）是当表达式值为真时，则在编译阶段编译“程序段 1”，否则编译“程序段 2”；也可以无“#else”和“程序段 2”。

注意：带“#”的行必须独占一行。

6.2 例题分析

【例 6.1】设有以下宏定义：

```
#define  N  3
#define  Y(n)  ((N+1)*n)
```

则执行语句 z=2*(N+Y(5+1));后，z 的值为______。

A. 54　　B. 48　　C. 24　　D. 出错

解题知识点：宏调用就是在编译预处理时进行宏展开。

解：答案为 B。本题的解题要点是：不带参数的宏展开是简单的字符串替换，带参数的宏不仅要进行字符串的替换，而且还要进行参数替换。语句的宏展开后变成：

```
z=2*(3+((3+1)*5+1));
```

所以，z 的值为 48。可能出现的错误是：把带参数宏的调用 Y(5+1)当做 Y(6)，结果可能选择选项 A。所以要特别注意，宏调用的实质就是一种简单的替换，不做任何计算。

【例 6.2】下列说法正确的是______。

A. C 程序必须在开头用预处理命令#include

B. C 程序中必须有预处理命令

C. 预处理命令必须位于 C 源程序的首部

D. 在 C 语言中预处理命令都以“#”开头

解题知识点：编译预处理命令的基本概念。

解：答案为 D。在 C 语言中，预处理命令都以“#”开头。但是，程序开头不一定用预处理命令#include，只有在需要包含文件时才使用此命令。程序中也不是一定要有预处理命令，预处理命令也不一定都位于程序的首部，如条件编译就是写在程序的中间。

【例 6.3】下列说法不正确的是______。

A. 宏调用不占用运行时间　　B. 宏调用可能会使源程序变长

C. 宏没有类型　　D. 宏名必须用大写字母

解题知识点：宏定义的基本概念。

解：答案为 D。宏调用是在编译预处理阶段进行的，所以不占用运行时间；宏调用的实质是用字符串替换宏，所以若字符串长度长于宏调用，则会使源程序变长；宏是没有类型的；宏名大写以区别于其他标识符只是一种习惯，并不是 C 语言的规定。

【例 6.4】若有下面的程序段：

```
#define  MCRO(x,y)(x>y)?(x):(y)
int a=5,b=3,c;
c=MCRO(a,b)*2;
```

则 c 的值是______。

A. 5　　B. 3　　C. 6　　D. 10

解题知识点：宏调用就是在编译预处理时进行宏展开。

解：答案为 A。本题的解题要点是：先进行宏展开，再根据展开的表达式计算 c 的值。宏展开后为：c=(a>b)?(a):(b)*2;，赋值号右边是条件表达式，(a>b)为真，将 a 的值赋给 c，所以 c=5。可能出现的错误：先算出 MCRO(a,b)的值为 5，再乘 2，结果为 10，因而选择选项 D，出错的原因是把宏调用当做函数调用，先计算函数值，用函数的返回值替换调用处。而宏调用实质就是宏展开，就是字符串的替换，不做任何计算。

【例 6.5】请读下面的程序：

```
#include"stdio.h"
#define SWAP(x,y)  s=x;x=y;y=s
void main()
{  int a,b,s;
   s=0;scanf("%d,%d",&a,&b);
   if(a>b)  SWAP(a,b);
   printf("a=%d,b=%d\n",a,b);
}
```

若输入 1,2，则程序的输出结果为______。

A. a=1,b=2　　B. a=2,b=1　　C. a=2,b=2　　D. a=2,b=0

解题知识点：宏调用就是在编译预处理时进行宏展开。

解：答案为 D。本题的解题要点是：宏展开后要注意各语句之间的关系。宏展开后程序中的 if 语句为：

```
if(a>b)  s=a;a=b;b=s;
```

可见，只有 s=a;是 if 的内嵌语句。由于输入 1,2，所以 a=1,b=2。if 后面括号内的表达式 a>b 为假，所以 s=a;不执行，但是 a=b;b=s;两条语句执行，从而使 a=2, b=0。可能出现的错误：主观地猜想 a>b 不成立就不交换，从而选择选项 A。所以要注意，不要主观臆断，不要猜测程序的运行结果，要按照计算机内实际的处理过程来读程序。

6.3 同步练习

一、选择题

1. C语言的编译系统对宏命令是______。
   A. 在程序运行时进行代换处理的
   B. 在程序连接时进行处理的
   C. 和源程序中其他C语句同时进行编译的
   D. 在对源程序中其他成分正式编译之前进行处理的

2. 若有宏定义如下：
```
# define X 5
# define Y X+1
# define Z Y*X/2
```
   则执行以下语句后，输出结果是______。
```
int a;a=Y;
printf("%d,",Z);
printf("%d\n",--a);
```
   A. 7,6　　B. 12,6　　C. 15,5　　D. 7,5

3. 若有以下宏定义：
```
#define N 2
#define Y(n)((N+1)*n)
```
   则执行语句 z=2*(N+Y(5));后的结果是______。
   A. 语句有错误　　B. z=34　　C. z=70　　D. z无定值

4. 若有宏定义#define MOD(x,y) x%y，则执行以下程序段后的输出结果是______。
```
int z,a=15,b=100;
z=MOD(b,a);
printf("%d\n",z++);
```
   A. 11　　B. 10　　C. 6　　D. 宏定义不合法

5. 若 a、b、c、d、t 均为 int 型变量，则执行以下程序段后的输出结果是______。
```
#define  MAX(A,B)  (A)>(B)?(A):(B)
#define  PRINT(Y)  printf("Y=%d\t",Y)
…
a=1;b=2;c=3;d=4;
t=MAX(a+b,c+d);
PRINT(t);
```
   A. Y=3　　B. 存在语法错误　　C. Y=7　　D. Y=0

6. 读下列程序：
```
#include"stdio.h"
#define SUB(X,Y)(X)*Y
void main()
```

```
{  int a=3,b=4;
   printf("%d\n",SUB(a++,b++));
}
```

上面程序的输出结果是______。

A. 12　　B. 15　　C. 16　　D. 20

7. 有如下程序：

```
#include"stdio.h"
#define N 2
#define M N+1
#define NUM 2*M+1
void main()
{  int i;
   for(i=1;i<=NUM;i++)  printf("%d\n",i);
}
```

该程序中的 for 语句循环体执行的次数是______。

A. 5　　B. 6　　C. 7　　D. 8

8. 以下叙述正确的是______。

A. 在程序的一行上可以出现多个预处理命令行

B. 预处理命令行是 C 语言的合法语句

C. 被包含的文件不一定以.h 作扩展名

D. 在以下定义中 C　R 是称为“宏名”的标识符

```
#define C  R 37.6921
```

9. 当输入为 C Language↙时，以下程序的输出结果是______。

```
#define LETTER 0
#include "stdio.h"
void main()
{ char c;int i=0;
   while((c=getchar())!='\n')
   { i++;
     #if LETTER
        if(c>='a' && c<='z')  c=c-32;
     #else
        if(c>='A' && c<='Z')  c=c+32;
     #endif
     printf("%c",c);
   }
}
```

A. C Language　　B. c language　　C. C LANGUAGE　　D. c LANGUAGE

10. 下面程序的运行结果是______。

```
#include "stdio.h"
#define P 3
#define S(a) P*a*a
void main()
{ int ar;
  ar=S(3+5);
  printf("\n%d" ar);
}
```

A. 192　　B. 29　　C. 27　　D. 25

二、填空题

1. 以下程序的输出结果是________。

```
#include "stdio.h"
#define  ADD(x)(x)+(x)
void main()
{  int a=4,b=6,c=7,d;
   d=ADD(a+b)*c;
   printf("d=%d",d);
}
```

2. 设有宏定义如下：

```
#define  MAX(x,y)  (x)>(y)?(x):(y)
#define  T(x,y,r)  x*y*r/4
int a=1,b=2,c=5,s1,s2;
s1=MAX(a=b,b-a);
s2=T(a++,a*++b,a+b+c);
```

则执行上面的语句后 s1 的值为__（1）__，s2 的值为__（2）__。

3. 下面程序的输出结果是________。

```
#include "stdio.h"
#define A 3
#define B(a)  ((A+1)*a)
void main()
{  int x;
   x=3*(A+B(7));
   printf("x=%d\n",x);
}
```

4. 下面程序的输出结果是________。

```
#include "stdio.h"
#define CIR(r)  r*r
void main()
{  int a=1,b=2,t;
   t=CIR(a+b);
   printf("t=%d\n",t);
}
```

5. 下面程序的输出结果是________。

```
#include "stdio.h"
#define CON1  0
#define CON2  5
void main()
{  int x;
   #ifdef CON1
     x=CON1;
   #else
     x=CON2;
   #endif
   printf("%d\t",x);
   if(CON1) x=CON1;else x=CON2;
   printf("%d\n",x);
}
```

6. 若输入 60 和 13，下面的程序运行结果为________。

```
#include "stdio.h"
#define SURPLUS(a,b)  (a)%(b)
```

```
void main()
{  int a,b;
   scanf("%d,%d",&a,&b);
   printf("%d\n",SURPLUS(a,b));
}
```

7. 阅读程序回答问题。

```
#include "stdio.h"
#define VAL1 0
#define VAL2 2
void main()
{  int flag;
   #ifdef VAL1
       flag=VAL1;
   #else
       flag=VAL2;
   #endif
   printf("flag=%d\n",flag);
}
```

问题 1：程序执行的结果是＿（1）＿。

问题 2：如果程序中下画线处改为#if VAL1，则程序的输出结果是＿（2）＿。

三、编程题

1. 定义一个带参数的宏，使两个参数的值互换。编写程序，输入两个数 a、b，调用宏实现按先大后小的顺序输出。
2. 用带参数的宏实现：输入两个整数，求它们相除的余数。
3. 求三角形面积的公式为：

$$\text{area} = \sqrt{s\cdot(s-a)\cdot(s-b)\cdot(s-c)}$$

式中，$s=\frac{1}{2}(a+b+c)$，a、b、c 为三角形的 3 边。定义两个带参数的宏，一个用来求 s，另一个用来求 area。编写程序，调用宏求面积 area。

6.4　参考答案

一、选择题

1. D	2. D	3. B	4. B	5. C
6. A	7. B	8. C	9. B	10. B

二、填空题

1. d=80
2. （1）2　　　　（2）28
3. x=93
4. t=5
5. 0　　5

6. 8
7. （1）flag=0　　　　　　（2）flag=2

三、编程题

1. 程序设计：

```
#include "stdio.h"
#define SWAP(x,y){int s;s=x;x=y;y=s;}
/* 注意定义变量s，不然宏展开后，会因为s未定义而出错 */
void main()
{  int a,b;
   printf("a,b=");
   scanf("%d,%d",&a,&b);
   if(a<b) SWAP(a,b);
   printf("%d,%d\n",a,b);
}
```

程序测试：

```
a,b=5,9↙
9,5
```

第二次运行：

```
a,b=9,5↙
9,5
```

2. 程序设计：

```
#include "stdio.h"
#define MOD(x,y)  (x)%(y)
void main()
{  int a,b,s;
   printf("a,b=");
   scanf("%d,%d",&a,&b);
   s=MOD(a,b);
   printf("%d\n",s);
}
```

程序测试：

```
a,b=9,5↙
4
```

3. 程序设计：

```
#define S  ((a+b+c)/2.0)
#define AREA(a,b,c)  sqrt(S*(S-a)*(S-b)*(S-c))
#include "stdio.h"
#include "math.h"
void main()
{  int a,b,c;float area;
   printf("Enter a,b,c=");
   scanf("%d,%d,%d",&a,&b,&c);
   area=AREA(a,b,c);
   printf("%.2f\n",area);
}
```

程序测试：

```
Enter a,b,c= 3,4,5↙
6.00
```

第 7 章　函　　数

7.1　要点、难点阐述

C 语言是结构化的程序设计语言，提倡把大的问题划分为若干个独立的功能模块，每一个模块就是一个函数。一个函数可以被一个或多个函数多次调用。

变量和函数不仅有数据类型，而且还有作用域和存储类别。

1．函数的定义、形式参数和返回值

（1）函数的定义

函数定义就是编写一段子程序，实现一个独立的功能。一个函数定义由两部分组成：

① 函数首部：包括函数类型、函数名、函数形式参数及形参类型声明等。

② 函数体：即函数声明下面最外层大括号内的部分。函数体又可以分为声明部分和执行部分。

（2）函数的形式参数与函数的返回值

定义一个函数，首先要考虑两个问题：一是函数需要几个什么样的初始值，即形式参数（函数的入口参数）；二是函数执行完毕是否需要返回值，若需要，要返回一个什么样的值，这个值即函数返回值（函数的出口参数）。

例如，编写一个判断某数是否为素数的函数。

分析：首先需要一个整型的量（形参），即要判断的“某数”；二是函数执行完毕要返回一个值，标识判断结果（如是素数则返回 1，不是素数则返回 0，返回值就为整型）。下面是函数的定义：

```
int prime(int n)               /* 函数首部，n 是形式参数 */
{  int i;                      /* 函数内变量说明 */         ┐
   for(i=2;i<n;i++)     ┐                                  │
     if(n%i==0) break;  │ 执行部分                          │ 函数体部分
   if(i==n) return 1;   │                                  │
     else return 0;     ┘      /* 1 或 0 就是返回值*/        ┘
}
```

注意：函数返回值的类型与函数定义首行开头的类型要一致。

若函数不需要初始值，则函数名后面圆括号内的形参表为空，是无参函数；若函数执行完毕不需要返回值，则函数返回值类型为 void。

2. 函数的声明与调用

(1) 函数的声明

像变量在使用之前应先声明一样，函数也应该先声明后使用。用户自定义函数的声明形式为：

```
函数类型 函数名(数据类型 形式参数,数据类型 形式参数,…);
```

或

```
函数类型 函数名(数据类型,数据类型,…);
```

有2种情况可以省略函数声明：

① 被调函数的定义在主调函数的定义之前，主调函数中可以不声明。

② 在所有函数定义之前，即在函数的外部已经做了函数声明，主调函数中可以不声明。

(2) 函数的调用

当程序中需要某个功能时，就可以调用已经定义的能实现这个功能的函数。函数调用的一般形式为：

```
函数名(实际参数,实际参数,…)
```

其中，实参可以是数值、变量、表达式、数组名，即有一个确定的值。

函数的调用过程是：

① 为被调函数的形参、变量分配存储单元。

② 将实参的值传给形参（对有参函数来说）。

③ 执行被调函数的执行部分。

④ 将函数返回值代回到函数调用的地方（对有返回值的函数来说），释放为被调函数分配的存储单元。

例如，编写一个main()函数，输入一个整数n，调用prime()函数判断，是素数输出“yes”，不是素数输出“no”。

```
#include"stdio.h"
void main()
{  int m;
   int prime(int n);       /* 函数声明*/
   scanf("%d",&m);
   if(prime(m))            /* 函数调用*/
      printf("yes\n");
   else printf("no\n");
}
int prime(int n)           /* 函数定义 */
{  int i;
   for(i=2;i<n;i++)
      if(n%i==0) break;
   if(i==n) return 1;else return 0;
}
```

其中，main()函数中if后面括号内的语句就是函数调用。

例如m=9，调用过程是：

① 为prime()函数中的形参n、变量i分配存储单元。

② 将m的值9传给n，即n=9。

③ 执行prime()函数的执行部分，返回0。

④ 返回的 0 代回到 prime(m)处；释放 n、i 的存储单元。由于 if(0)执行 else 子句，所以输出“no”。

（3）函数的嵌套调用和递归调用

在被调函数中又调用其他函数，称为函数的嵌套调用。

一个函数直接或间接地调用该函数自身，称为函数的递归调用，这样的函数称为递归函数。

使用递归方法进行程序设计有 3 个要点：一是函数的形式参数（对有参函数而言）；二是递归结束的条件；三是函数返回值（对有返回值函数而言）。其中，递归结束的条件（即递归出口）是必须的，用来防止递归调用无终止地进行。

递归调用的过程分为两个阶段：

① 递推阶段：从原问题出发，按递归公式递推，最终达到递归终止条件（出口）。

② 回归阶段：按递归终止条件求出结果，逆向逐步代入递归公式，回归到原问题。

注意：虽然递归调用是直接或间接地调用自身，但和调用其他函数一样，每次调用都需要重新分配存储单元，并不是共用同一存储单元。

（4）函数的调用方式

函数调用方式是指函数调用在主调函数中出现的位置，归纳起来可分为两种方式：

① 函数语句：函数调用作为一个独立的语句，即在函数调用一般形式后加“;”。这种函数调用方式的被调函数一定是无返回值函数，即被调函数的函数类型为 void 型。

② 函数表达式：函数调用出现在表达式中，函数值参加表达式的运算。这种函数调用方式的被调函数一定是有返回值函数。如赋值语句中的函数调用、输出语句中输出项为函数调用，都属于函数表达式。

（5）主调函数与被调函数之间的数据传递

① 主调函数用实参向被调函数的形参传递初始值。若形参是变量名，则实参是表达式（数值、变量是表达式的特例），是将实参的值传递给形参变量，此时实参对形参是单向的“值传递”，即使实参变量与形参变量同名也各自占用不同的内存单元，互不干扰。若形参是数组名，则实参是数组名（或变量的地址），是将实参数组的首地址（或变量的地址）传递给形参，此时形参数组与实参数组共用存储单元。要注意：实参与形参在个数、类型和顺序上必须完全相同。

② 被调函数向主调函数返回值。若被调函数有 return 语句，则执行该语句会立即返回到主调函数，并将 return 后面表达式的值带回。若被调函数的形参是数组，则由于形参与实参共用存储单元，所以被调函数对形参数组的操作结果就直接留在实参数组中，相当于返回值。若被调函数没有 return 语句，在执行完最后一条语句后自动返回主调函数。

③ 用全局变量实现参数互传。由于全局变量的作用域是从定义点到文件尾的所有函数，即这些函数都可以使用或改变这些全局变量，这样相当于在这些函数之间实现了参数的传递和返回。

3. 变量的作用域与存储类别

（1）变量的作用域

① 局部变量。在函数内定义的变量称为此函数的局部变量（也可称为内部变量），其作用域仅限于此函数内。在一个复合语句中定义的变量称为此复合语句的局部变量，其作用域仅限于此

复合语句。

② 全局变量。在函数外部定义的变量称为全局变量（也可称为外部变量），其作用域从定义点到该文件尾，有可能跨越几个函数。但要注意：若全局变量与其作用域内的局部变量同名，则在局部变量的作用域中全局变量不起作用。

（2）变量的存储类别

变量的存储类别表明了变量的生存期。计算机内存供用户使用的区域可分为3个部分：程序区、静态存储区、动态存储区。若把用户区看成一个旅店，则程序区相当于旅店工作人员住的房间，静态存储区相当于顾客的"长期包房"，动态存储区相当于顾客的"临时包房"。处于静态存储区的变量是在编译时分配的存储单元并初始化，在整个程序运行期间都存在；处于动态存储区的变量是在程序执行过程中调用函数时临时分配的存储单元，函数返回即释放。

① 动态的局部变量。局部变量默认的存储类别是"动态的"，标识符为auto，所以一般都省略。在函数调用时，系统为局部变量在动态存储区分配临时的存储单元，函数返回时即释放。如auto int a,b;一般只写成int a,b;。

② 静态的局部变量。存储类别标识符为static，在程序编译时，系统为局部变量在静态区分配存储单元并初始化，在整个程序运行期间都不释放。如static int x,y;，x和y的初始值为0。函数内的静态局部变量，前一次的调用结果是下一次调用的初值。

③ 全局变量，属于静态变量。在程序编译时，系统在静态存储区分配存储单元并初始化，在整个程序运行期间都不释放。全局变量的作用域是从定义点到其所在的文件尾，也可以限定或扩展它的作用域。

- 用extern声明全局变量，可以扩展作用域到定义点之前或其他文件中。
- 用static声明全局变量，则限定只能由所在的文件引用。

4．函数的作用域

函数本质上是全局的，即可以被程序中的其他函数调用，甚至可以被其他文件中的函数调用。

（1）外部函数

外部函数默认的存储类型是extern，这样的函数既可以被本文件的其他函数调用，也可以被其他文件中的函数调用。其他文件调用时，只需用extern进行函数声明即可。

（2）内部函数（又称静态函数）

若想函数只限于被它所在的文件调用，其他文件不能调用，只需在函数定义的首行函数类型前加static声明即可。

7.2 例题分析

【例7.1】以下所列的各函数声明部分中，正确的是______。

A. void play(int a,b;)　　B. void play(int a;int b)

C. void play(int a,int b)　　D. void play(int a,b)

解题知识点：函数定义的形式。

解：答案为C。函数定义首部的一般形式为：

```
函数类型 函数名(数据类型 形式参数,数据类型 形式参数,……)
```

即每一个形参声明都包含形参类型、形参名两项，中间用空格分隔，各参数说明之间用逗号分隔。选项 A 中参数 b 无类型且后有分号，格式错误；选项 B 中参数说明之间用分号分隔，格式错误；选项 C 符合 C 语言函数定义格式，正确；选项 D 中参数 b 无类型，格式错误。

【例 7.2】若变量 a、b、c、d 已经正确定义并赋值，有如下函数调用语句：

```
function((a+b,c),b+c,d);
```

该函数调用语句中含有的实参个数是______。

A. 3　　　　B. 4　　　　C. 5　　　　D. 6

解题知识点：函数调用。

解：答案为 A。函数调用时的参数叫实参，实参的一般形式是表达式，能计算出一个确定的值，参数之间用逗号分隔。本题中第一个参数是圆括号括起的逗号表达式，取变量 c 的值；第二个参数是表达式 b+c，取其和；第三个参数是变量 d，取其值。

【例 7.3】若有一个已经定义的函数，其函数类型为 void，则以下有关该函数调用的叙述中正确的是______。

A. 该函数调用可以出现在表达式中

B. 该函数调用可以作为一个函数的实参

C. 该函数调用可以作为独立的语句存在

D. 该函数调用可以作为一个函数的形参

解题知识点：函数的调用方式。

解：答案为 C。由于函数类型为 void，即调用该函数无返回值，所以当函数调用出现在表达式中时，无法参加运算，编译时会出现“not an allowed type”错误信息，因此选项 A 错误；函数的实参必须是确实的值，无返回值就不能做实参，因此选项 B 错误；函数的形参只能是变量名、数组名，是虚设的名字，不能是函数调用，所以选项 D 错误。

【例 7.4】有以下函数定义：

```
void  fun(int n,float x){…}
```

若以下选项中的变量都已正确定义并赋值，则对函数 fun()的正确调用语句是______。

A. void fun(int n,float x);　　　　B. k=fun(10,22.5);

C. fun(int n,float x);　　　　D. fun(m,y);

解题知识点：函数的调用方式。

解：答案为 D。函数调用的一般形式是：

```
函数名(实参表)
```

选项 A 是函数声明，不是函数调用；选项 B 中函数调用出现在赋值语句的右侧，是表达式，而 fun()是 void 类型函数，无返回值，不能出现在表达式中；选项 C 调用形式不正确，实参不用指定类型；只有选项 D 的函数调用格式正确。

【例 7.5】读以下程序：

```
#include "stdio.h"
```

```
int fun(int a,int b)
{  a+=b;b+=a;return b-a;  }
void main()
{  int a,b,c;
   a=b=3;
   c=fun(a,b);
   printf("a=%d,b=%d,c=%d\n",a,b,c);
}
```

则上面程序的运行结果是______。

A. a=6,b=9,c=3　　B. a=3,b=3,c=3

C. a=6,b=6,c=0　　D. a=9,b=9,c=0

解题知识点：函数的形参、实参及函数之间的数据传递。

解：答案为B。本题的解题要点：形参与实参虽然同名，但各自占用各自的单元，互不干扰。程序的执行过程是：① 为main()函数的局部变量a,b,c分配存储单元，a,b赋值均为3；② 调用函数fun()：为fun()函数的形参a,b分配存储单元，将实参a,b的值传递给形参a,b；执行fun()函数的执行部分，形参a,b的值分别为6,9，返回b–a的值3；释放形参a,b；③ 函数返回值3赋给c，执行输出语句。可能出现的错误，是把同名的实参与形参当做同一个变量，结果可能选择选项A。

【例7.6】读以下程序：

```
#include "stdio.h"
int fun(int n)
{  int y;
   if(n==1) y=1;
     else y=fun(n-1)+n;              /* 函数调用点②，递归调用 */
   return y;
}
void main()
{  int a=4;
   printf("%d\n",fun(a));            /* 函数调用点① */
}
```

则上面程序的运行结果是______。

A. 4　　B. 5　　C. 10　　D. 8

解题知识点：函数的形参、实参及函数之间的数据传递；函数的递归调用。

解：答案为C。本题的解题要点：函数的递归调用是通过栈来实现的。程序的执行过程是：主函数调用fun()函数（第一次调用），为n,y分配存储单元，将实参a的值传递给n，即n=4；执行函数，因为n≠1，执行else子句，调用fun()函数（第二次调用），为n,y分配存储单元，将实参n–1的值传递给n，即n=3；类似的，第三次调用n=2；第四次调用n=1；执行函数，因为n=1，为y赋值1，return y；第四次函数调用结束，返回到调用点②；为y赋值3（fun(n–1)等于返回值1，n=2，相加等于3），return y；第三次函数调用结束，返回到调用点②；为y赋值6（fun(n–1)等于返回值3，n=3，相加等于6），return y；第二次函数调用结束，返回到调用点②；为y赋值10（fun(n–1)等于返回值6，n=4，相加等于10），return y；第一次函数调用结束，返回到调用点①，程序执行结束。函数的调用过程图示如下：

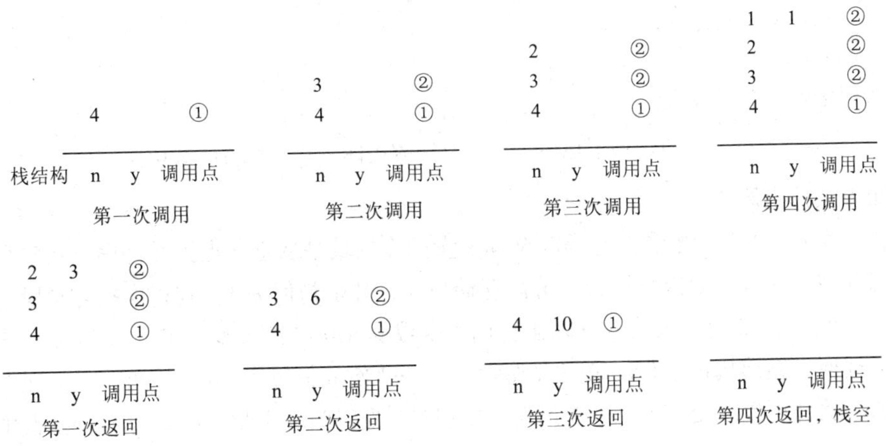

栈结构	n	y	调用点
	4		①

第一次调用

n	y	调用点
3		②
4		①

第二次调用

n	y	调用点
2		②
3		②
4		①

第三次调用

n	y	调用点
1	1	②
2		②
3		②
4		①

第四次调用

n	y	调用点
2	3	②
3		②
4		①

第一次返回

n	y	调用点
3	6	②
4		①

第二次返回

n	y	调用点
4	10	①

第三次返回

n	y	调用点

第四次返回，栈空

【例 7.7】读以下程序：

```
#include "stdio.h"
void main()
{  void fun(int);int i;
   for(i=1;i<3;i++)  fun(2);
}
void fun(int x)
{  static int a=2;int b=2;
   b+=x;a+=x;
   printf("%d %d ",a,b);
}
```

则上面程序的运行结果是______。

A. 4 4 4 4　　B. 4 4 6 4　　C. 4 4 6 6　　D. 4 4 8 6

解题知识点：静态局部变量。

解：答案为 B。本题的解题要点是：静态局部变量在整个程序运行期间都占有存储单元，函数的静态局部变量，前一次的调用结果是下一次调用的初值。解题过程是：在编译阶段，为函数 fun()的静态局部变量 a 分配存储单元，并初始化为 2；在执行阶段，main()函数两次调用 fun()函数，第一次调用时，为形参 x、局部变量 b 分配存储单元，将实参 2 传递给 x，为 b 赋初值 2，执行 b+=x 使 b 值为 4，执行 a+=x 使 a 值为 4，输出 a,b 均为 4，调用结束释放形参 x、局部变量 b，第二次调用时，为形参 x、局部变量 b 分配存储单元，将实参 2 传递给 x，为 b 赋初值 2，执行 b+=x 使 b 值为 4，由于 a 中保存上次的操作结果 4，所以执行 a+=x 使 a 值为 6，输出的 a 为 6，b 为 4。可能出现的错误：若错误地以为 a 和 b 一样每次调用都重新赋初值，则可能选择选项 A；若错误地以为 b 和 a 一样前一次的操作结果是下一次的初值，则可能选择选项 C。

【例 7.8】读以下程序：

```
#include "stdio.h"
int n=1;
void fun()
{  n+=3;printf("%d,",n); }
void main()
{  n+=5;printf("%d,",n);
   fun();
```

```
    n+=7;printf("%d\n",n);
  }
```

则上面程序的运行结果是______。

A. 6,9,13　　B. 6,4,13　　C. 6,9,16　　D. 4,9,16

解题知识点：全局变量。

解：答案为C。本题的解题要点是：全局变量的作用域是从定义点到文件尾，在整个程序的运行期间都存在。在程序编译阶段为n分配存储单元，并赋初值为1。在程序执行阶段，主程序第一次改变n值，n+=5使n值为6并输出；调用函数fun()第二次改变n值，n+=3使n值为9并输出，函数返回；继续执行主程序第三次改变n，n+=7使n值等于16并输出。可见在全局变量作用域中的函数都可以改变其值。可能出现的错误是：误以为主函数中的n与fun()函数中的n是两个变量。

【例7.9】读以下程序：

```
#include "stdio.h"
int x=1;
void fun(int y)
{ int x=2;
  x+=++y;y+=x++;
  printf("%d,%d,",x,y);
}
void main()
{  int y=3;
  fun(y);
  x+=++y;
  printf("%d,%d\n",x,y);
}
```

则上面程序的运行结果是______。

A. 7,10,5,4　　B. 7,10,18,11　　C. 7,10,12,11　　D. 7,11,5,4

解题知识点：局部变量与全局变量。

解：答案为A。本题的解题要点是：形参和实参同名，各自占用不同的存储单元；全局变量与局部变量同名，在局部变量的作用域内全局变量不起作用。本题的解题过程是：在编译阶段，为全局变量x分配存储单元，并赋初值1；在程序运行阶段，为主函数的局部变量y分配存储单元，并赋初值3，调用fun()函数，为其形参变量y、局部变量x分配存储单元，将实参y的值3传递给形参y，x赋初值为2，执行fun()函数，语句x+=++y;中的y（形参）先自增1为4，再累加到x（局部变量）中为6，语句y+=x++;先将x累加到y中为10，x再自增1为7，语句printf("%d,%d,",x,y);输出7,10，函数执行结束，释放形参y和局部变量x，返回主函数，继续执行语句x+=++y;，y（主函数的局部变量值为3）先自增1为4，再累加到x（全局变量值为1）中为5，语句printf("%d,%d\n",x,y);输出5,4，程序执行结束。可能出现的错误：若错以为同名即为同一个存储单元，则可能选择选项B；若错以为形参y与实参y是同一个存储单元，则可能选择选项C。

7.3 同步练习

一、选择题

1. 一个 C 语言程序是由______组成。
   A. 主程序　　B. 子程序　　C. 函数　　D. 过程
2. 一个 C 语言程序总是从______开始执行。
   A. 主过程　　B. 主函数　　C. 子程序　　D. 主程序
3. C 语言中函数返回值的类型是由______决定的。
   A. return 语句中的表达式类型　　B. 调用该函数的主调函数类型
   C. 调用函数时临时指定　　D. 定义函数时所指定的函数类型
4. C 语言规定，调用一个函数时，实参变量和形参变量之间的数据传递是______。
   A. 地址传递　　B. 值传递
   C. 由实参传递给形参，并由形参传回来给实参　　D. 由用户指定传递方式
5. C 语言程序中，若对函数类型未加说明，则函数的隐含类型为______。
   A. void　　B. double　　C. int　　D. char
6. 在 C 语言程序中______。
   A. 函数的定义可以嵌套，但函数的调用不可以嵌套
   B. 函数的定义不可以嵌套，但函数的调用可以嵌套
   C. 函数的定义和函数的调用均不可以嵌套
   D. 函数的定义和函数的调用均可以嵌套
7. 若用数组名作为函数调用时的实参，则实际上传递给形参的是______。
   A. 数组首地址　　B. 数组第一个元素的值
   C. 数组中全部元素的值　　D. 数组元素的个数
8. 有如下函数调用语句：
   ```
   func(rec1,rec2+rec3,(rec4,rec5));
   ```
   该函数调用语句中，含有的实参个数是______。
   A. 3　　B. 4　　C. 5　　D. 有语法错误
9. 下列说法不正确的是______。
   A. 主函数 main()中定义的变量在整个文件或程序中有效
   B. 不同函数中，可以使用相同名字的变量
   C. 形式参数是局部变量
   D. 在函数内部，可在复合语句中定义变量，这些变量只在本复合语句中有效
10. 有如下程序：
   ```
   #include "stdio.h"
   long  fib(int n)
   {  if(n>2)  return(fib(n-1)+fib(n-2));
      else  return(2);
   }
   void main()
   ```

```
{ printf("%ld\n",fib(3)); }
```

该程序的执行结果是______。

A. 2　　B. 4　　C. 6　　D. 8

11. 在C语言中，函数的隐含存储类型是______。

A. auto　　B. static　　C. extern　　D. 无存储类型

12. 凡在函数中未指定存储类型的变量，其隐含的存储类型为______。

A. auto（自动）　　B. static（静态）　　C. extern（外部）　　D. register（寄存器）

13. 以下叙述中不正确的是______。

A. 在函数中，通过return语句返回函数值

B. 在函数中，可以有多条return语句

C. 在C语言中，主函数名main后的一对圆括号中也可以带有形参

D. 在C语言中，调用函数必须在一条独立的语句中完成

14. 在一个源文件中定义的全局变量的作用域为______。

A. 本文件的全部范围　　B. 本程序的全部范围

C. 本函数的全部范围　　D. 从定义该变量的位置开始至本文件结束

15. 在一个C源程序文件中，若要定义一个只允许本源文件中所有函数使用的全局变量，则该变量需要使用的存储类型是______。

A. extern　　B. register　　C. auto　　D. static

16. 运行下面程序后的w值为______。

```
#include "stdio.h"
int f(int x)
{  int y=0;static z=3;
   y++;z++;
   return(x+y+z);
}
void main()
{  int w=2,k;
   for(k=0;k<3;k++)  w=f(w);
   printf("%d\n",w);
}
```

A. 20　　B. 7　　C. 28　　D. 13

17. 下面程序的运行结果是______。

```
#include "stdio.h"
int fun(int x,int y)
{  static int m=0,i=2;
   i+=m+1;m=i+x+y;
   return(m);
}
void main()
{  int j=4,m=1,k;
   k=fun(j,m);printf("%d,",k);
   k=fun(j,m);printf("%d\n",k);
}
```

A. 8,20　　B. 8,8　　C. 8,17　　D. 8,6

18. 下面程序的运行结果是______。

```
#include "stdio.h"
int m=13;
int fun( int x,int y)
{  int m=3;return(x*y-m);}
void main()
{  int a=7,b=5;
   printf("%d\n",fun(a,b)/m);
}
```

A. 1　　B. 2　　C. 7　　D. 10

二、填空题

1. 下面程序的运行结果是________。

```
#include "stdio.h"
int abc(int u,int v);
void main()
{  int a=24,b=16,c;
   c=abc(a,b);
   printf("value=%d",c);
}
int abc(int u,int v)
{  int w;
    while(v){ w=u%v;u=v;v=w;  }
    return u;
}
```

2. 下列程序的运行结果是________。

```
#include "stdio.h"
void main()
{  int a=1,b=2,c=3;
   ++a;c+=++b;
   { int b=4,c;
     c=b*3;a+=c;printf("1:%d,%d,%d\t",a,b,c);
     a+=c;printf("2:%d,%d,%d\t",a,b,c);
   }
  printf("3:%d,%d,%d\n",a,b,c);
}
```

3. 下面程序的运行结果是________。

```
#include "stdio.h"
int d=1;
fun(int p)
{ int d=5;
  d+=p++;printf("%d  ",d);
}
void main()
{ int a=3;
  fun(a);
  d+=a++;printf("%d\n",d);
}
```

4. 下面程序的运行结果是________。

```
#include "stdio.h"
int f(int a)
{  auto int b=0;static int c=3;
   b++;c++;
   return(a+b+c);
}
void main()
{  int i,a=3;
   for(i=0;i<3;i++)
     printf("%d,%d;",i,f(a));
}
```

5. 下面程序的运行结果是________。

```
#include "stdio.h"
unsigned fun(unsigned num)
 {  unsigned k=1;
    do{ k*=num%10;num/=10;
      }while(num);
    return(k);
}
void main()
{   unsigned n=26;
    printf("%d\n",fun(n));
}
```

6. 阅读程序，回答问题。

```
#include "stdio.h"
int prime(int num)
{  int flag=1,n;
   for(n=2;n<=num/2 && flag==1;n++)
     if(num%n==0)  flag=0;
   return(flag);
}
void main()
{  int num;
   scanf("%d",&num);
   if(prime(num)) printf("%d\n",num);
   else printf("*****\n");
}
```

问题 1：程序运行时，从键盘输入 23，程序输出结果是__（1）__。

问题 2：从键盘输入 21，程序输出结果是__（2）__。

7. 下面程序的输出结果是________。

```
#include "stdio.h"
long fib(int g)
{ switch(g)
  { case 0: return 0;
    case 1: case 2: return(1);
  }
  return(fib(g-1)+fib(g-2));
}
void main()
```

```
{ long k;
  k=fib(5);
  printf("k=%ld\n",k);
}
```

8. 理解下面的程序，填空完善程序。

```
#include "stdio.h"
int max(__(1)__)
{ int z;
  if(x>y) z=x;else z=y;
  __(2)__;
}
void main()
{ int a,b,c;
  scanf("%d%d",__(3)__);
  c= __(4)__ (a,b);
  printf("a=%d,b=%d,max=%d\n",a,b,c);
}
```

9. 填空完善程序，分别计算 1!、2!、3!、4! 和 5!。

```
#include "stdio.h"
int fac(int n)
{ __(1)__ f=1;
  f*=n;
  return f;
}
void main()
{ int i;
  for(i=1;i<=5;i++)  printf("%d!=%d\n",i,__(2)__);
}
```

10. 在内存中供用户使用的存储区可分为 3 个部分，它们是__（1）__、__（2）__和__（3）__。全局变量应存放在__（4）__中，局部变量应存放在__（5）__中。

三、编程题

1. 编写求阶乘的函数 fun()，在主函数中输入整数 n，调用 fun()函数求：s=1!+2!+⋯+n!。
2. 编写用辗转相除法求最大公约数的函数 fun()。编写主函数调用它，求任意两个整数的最大公约数和最小公倍数。
3. 编写函数 prime()，功能是判断 m 是否为素数。在主函数中调用它，求出 10～50 之间的素数个数。
4. 编写判断素数的函数 prime()，并编写主函数调用它，验证哥德巴赫猜想（任意一个大偶数都能分解成两个素数之和），输出 10～20 之间偶数分解情况。
5. 编写函数 fun()，计算正整数 num 各位上的数字之和。例如，若输入 253，则输出应该是 10；若输入 2468，则输出应该是 20。
6. 用递归法将一个十进制数 n 转换成 r 进制（2 进制、8 进制、十六进制）数。
   转换方法为：除以 r，取其余数，直到商为 0，得到的余数逆序输出。

7. 用牛顿迭代法求下面方程在 1.5 附近的根。用函数实现函数值和导数值的计算。

$$2x^3-4x^2+3x-6=0$$

8. 设计一个函数，根据一个数的原码，得到该数的补码（complement）。

7.4 参考答案

一、选择题

1. C	2. B	3. D	4. B	5. C
6. B	7. A	8. A	9. A	10. B
11. C	12. A	13. D	14. D	15. D
16. A	17. C	18. B		

二、填空题

1. value=8 （功能：用辗转相除法求 a 和 b 的最大公约数）
2. 1:14,4,12 2:26,4,12 3:26,3,6
3. 8 4
4. 0,8;1,9;2,10;
5. 12
6. （1）23 （2）*****
7. k=5
8. （1）int x,int y （2）return z （3）&a,&b （4）max
9. （1）static int （2）fac(i)
10. （1）程序区 （2）静态存储区 （3）动态存储区 （4）静态存储区 （5）动态存储区

三、编程题

1. 函数 fun()：形参变量 a 为整型，返回 a 的阶乘值 y 为 double 型。

   算法设计：

   （1）初始化：阶乘值 y=1。

   （2）循环变量 i 从 2 到 a 循环做：y=y*i。

   （3）返回 a 的阶乘值 y。

   主函数 main()：输入量 n，循环变量 a 控制循环 n 次；输出量是累加和 s，为 double 型。

   算法设计：

   （1）初始化：累加和 s=0；输入 n。

   （2）循环变量 a 从 1 到 n 循环做：求累加和 s=s+fun(a)，即累加 a 的阶乘。

   （3）输出累加和 s。

   程序设计：

```
#include "stdio.h"
double fun(int a)
{ double y=1;int i;
  for(i=2;i<=a;i++)
```

```
      y*=i;
   return y;
}
void main()
{ int n,a;double s=0;
  printf("n=");scanf("%d",&n);
  for(a=1;a<=n;a++)
     s+=fun(a);
   printf("s=%g\n",s);
}
```

程序测试：

```
n=5↙
s=153
```

2. 函数 fun()：形参变量 a,b 为 int 型，返回值是最大公约数为 int 型。算法设计：

（1）循环做：p=a%b；a=b；b=p；直到 p=0 时，a 即为最大公约数。

（2）返回 a。

主函数 main()：输入量是整数 a 和 b；输出量是最大公约数和最小公倍数，均为 int 型。算法设计：

（1）输入 a,b。

（2）调用函数 fun()求最大公约数，最小公倍数=a×b/最大公约数。

程序设计：

```
#include "stdio.h"
int fun(int a,int b)
{ int p;
  do{p=a%b;
     a=b;
     b=p;
  }while(p!=0);
  return a;
}
void main()
{ int a,b,great;
  printf("a,b=");scanf("%d,%d",&a,&b);
  great=fun(a,b);
  printf("%d,%d\n",great,a*b/great);
}
```

程序测试：

```
a,b=18,12↙
6,36
```

3. 函数 prime()：形参变量 m 为 int 型，是素数返回 1，否则返回 0。算法设计：

（1）循环变量 i 从 2 到 m−1 循环做：如果 m%i 等于 0，则不是素数，返回 0。

（2）返回 1。

主函数 main()：输出量是素数个数 n，为 int 型。算法设计：

（1）初始化：n=0。

（2）循环变量 a 从 10 到 50，循环调用函数判断，若 a 是素数则输出，并计数。

（3）输出 n。

程序设计：

```
#include "stdio.h"
int prime(int m)
{  int i;
   for(i=2;i<m;i++)
     if(m%i==0) return 0;
   return 1;
}
void main()
{  int a,n=0;
   for(a=10;a<=50;a++)
     if(prime(a)) { printf("%d  ",a);n++;}
   printf("\nn=%d\n",n);
}
```

程序测试：

```
11  13  17  19  23  29  31  37  41  47
n=11
```

4. 主函数 main()算法设计：

循环变量 a 从 10～20，每次增加 2，循环做：

　　循环变量 b 从 3～a/2，每次增加 2，循环做：

　　　　如果 b 是素数，同时 a-b 也是素数，则输出。

程序设计：

```
#include "stdio.h"
int prime(int m)
{  int i;
   for(i=2;i<m;i++)
     if(m%i==0) break;
       if(i==m) return 1;else return 0;
}
void main()
{  int a,b;
   for(a=10;a<=20;a+=2)
    { for(b=3;b<=a/2;b+=2)
        if(prime(b) && prime(a-b))
           printf("%d=%d+%d\t",a,b,a-b);
      printf("\n");
    }
}
```

程序测试：

```
10=3+7  10=5+5
12=5+7
14=3+11 14=7+7
16=3+13 16=5+11
```

```
18=5+13 18=7+11
20=3+17 20=7+13
```

5. 函数 fun()：形参变量 num 为 int 型，返回值为 num 各位上的数字之和 s 为 int 型。算法设计：

（1）初始化：s=0。

（2）当 num 不等于 0 时循环做：

① 累加 num 的个位：s=s+num%10。

② 去掉 num 的个位：num=num/10。

（3）返回 s。

主函数 main()：输入量 num 为 int 型。算法设计：

（1）输入 num。

（2）输出函数调用结果 s。

程序设计：

```
#include "stdio.h"
int fun(int num)
{ int s=0;
   while(num!=0)
   { s+=num%10;num/=10; }
   return s;
}
void main()
{ int num;
  printf("num=");scanf("%d",&num);
  printf("%d\n",fun(num));
}
```

程序测试：

```
num=253↙
10
```

再运行一次：

```
num=2468↙
20
```

6. 函数 fun()：形参变量 n、r 为 int 型，局部变量 m 为 int 型，存放 n 除 r 的余数。算法设计：

（1）m=n%r，n=n/r。

（2）如果 n 不等于 0，用当前的 n 和 r 做实参，递归调用函数。

（3）如果 m<10，则输出该数字，否则一定是十六进制数字 a～f，输出对应字符。

主函数 main()：输入量为十进制整数 n 和进制 r，均为 int 型。算法设计：

（1）输入 n 和 r。

（2）调用函数转换。

程序设计：

```
#include "stdio.h"
int fun(int n,int r)
{ int m;
  m=n%r;n/=r;
  if(n) fun(n,r);
```

```
   if(m<10)printf("%d",m);else printf("%c",m+87);
}
void main()
{ int n,r;
   printf("n,r=");scanf("%d,%d",&n,&r);
   fun(n,r);
}
```

程序测试：

```
n,r=8,2↙
1000
```

再运行一次：

```
n,r=20,8↙
24
```

再运行一次：

```
n,r=167,16↙
a7
```

7. 所谓牛顿迭代法，即：若方程 $f(x)=0$ 在某个区间内单调连续，则在区间内取一点 x_0，过点 $(x_0, f(x_0))$ 做切线，方程为：

$$f'(x_0)=\frac{y-f(x_0)}{x-x_0}$$

与 x 轴的交点：

$$x=x_0-\frac{f(x_0)}{f'(x_0)} \qquad ①$$

当 $|x-x_0|<\varepsilon$ 时，把 x 作为原方程的近似解，否则 $x_0=x$，重复用公式①求新的 x。

将程序功能划分为 4 个模块：

（1）函数 f()：计算 f(x)。

（2）函数 f1()：计算 f(x)的导数。

（3）函数 newton()：用牛顿迭代法求解 x。形参是 x_0 和精度 e，返回值 x 是方程的近似根，类型均为 float。算法设计：

① 求一个 x 的值。

② 当 $|x-x_0|\geqslant\varepsilon$ 时循环做：$x_0=x$，求新的 x。

③ 返回 x。

（4）函数 main()：输入 x_0 和精度 e；输出调用函数 newton()求出的解。

```
#include "stdio.h"
#include "math.h"
float f(float x)                              /* 计算 f(x) */
{  return 2*x*x*x-4*x*x+3*x-6; }
float f1(float x)                             /* 计算 f(x)的导数 */
{  return 6*x*x-8*x+3; }
float newton(float x0,float e)                /* 牛顿迭代法求解 x */
{  float x;
   x=x0-f(x0)/f1(x0);
   while(fabs(x-x0)>=e)
```

```
    { x0=x;x=x0-f(x0)/f1(x0); }
    return x;
}
void main()
{   float x0,e;
    printf("Enter x0,e:");
    scanf("%f,%f",&x0,&e);
    printf("x=%.2f\n",newton(x0,e));
}
```

程序测试：

```
Enter x0,e: 1.5,0.00001↙
x=2.00
```

8. 函数 complement()：求补码。形参变量 value 是一个数的原码；返回值 result 是该数的补码，均为 unsigned 型。算法设计：

（1）取出 value 最高位（符号位 a）。

（2）如果为负数：

① b=value 取反加 1。

② 构造符号位 c（最高位为 1，其他位均为 0）。

③ b 与 c 相或即为 value 的补码。

否则，value 不变（正数的补码与原码相同）。

程序设计：

```
#include "stdio.h"
unsigned complement(unsigned value)
{  unsigned result,a,b,c;
    a=value>>15;                /* 取出原数符号*/
    if(a)                       /* 是负数 */
    { b=~value+1;               /* 取反加 1（注意符号位也被取反）*/
      c=~0<<15;                 /* 构造符号位 */

      result=b|c;               /* 求补码 */
    }
    else result=value;
    return result;
 }
 void main()
 { unsigned value;
   int n;
   printf("Enter a hex number: ");
   scanf("%x",&value);
   printf("The complement of %x is %x\n",value,complement(value));
 }
```

程序测试 1：（原码为负数）

```
Enter a hex number: d555↙
The complement of d555 is aaab
```

程序测试 2：（原码为正数）

```
Enter a hex number: 555d↙
The complement of 555d is 555d
```

第 8 章　数　　组

8.1　要点、难点阐述

数组是有先后顺序的数据的集合，数组中的每一个元素都具有相同的数据类型。一个数组在内存占有一片连续的存储区域，数组名就是这片存储区域的首地址。在程序中，用数组名标识这一组数据，用下标来指明数组中元素的序号，用下标变量来标识数组中的每个元素。

1. 一维数组的定义、初始化和引用

（1）一维数组的定义

例如，int a[5];的功能是让系统为数组 a 分配五个连续的存储单元，五个元素都是整型数据，名字分别为 a[0]、a[1]、a[2]、a[3]、a[4]，称它们为下标变量，作用与简单变量相同。

注意：

① 定义数组时，数组长度必须指定，即“常量表达式”只能由常量或符号常量组成，不能使用变量。

② 数组下标从 0 开始，如上面的定义，只能使用 a[0]～a[4]，如果使用了 a[5]则下标出界导致错误。

③ 数组名不能与其他变量名相同。

（2）一维数组初始化（即在定义的同时为其赋初值）

① 整体初始化。例如，int a[5]={1,3,5,7,9};，此时也可以写成：int a[ ]={1,3,5,7,9};，即可以省略数组长度，初始化后，a[0]～a[4]的值分别为 1,3,5,7,9。

② 部分初始化。当{ }中数据的个数少于元素的个数，则表示只给前面部分元素赋值，而后面的元素值为 0。例如，int a[5]={1,2};则表示 a[0]=1;a[1]=2;而 a[2]～a[4]值均为 0。

注意：部分初始化时，数组长度不能省略。

（3）一维数组的引用

数组元素的一般形式为：

数组名[下标]

其中，下标只能为整型常量或整型表达式。

引用数组元素和引用与数组元素同类型的简单变量一样。在 C 语言程序的执行部分，只能逐个地引用数组中的元素，而不能对数组进行整体的赋值，通常用循环语句实现。

2．二维数组的定义、初始化和引用

（1）二维数组的定义

例如，int a[2][3];的功能是让系统为数组 a 分配 2×3=6 个连续的存储单元，6 个数组元素的名字分别为 a[0][0]、a[0][1]、a[0][2]、a[1][0]、a[1][1]、a[1][2]。

注意：

① C 语言中，二维数组在内存中是按行序存放的。

② 数组的行、列下标都是从 0 开始。

（2）二维数组初始化

① 整体初始化。例如：

```
int a[2][3]={1,3,5,7,9,11};
```

也可以写成：

```
int a[2][3]={{1,3,5},{7,9,11}};
```

即整体初始化时可以省略数组的行长度，但是列长度是不能省略的。

② 部分初始化。例如：

```
int a[2][3]={1,3,5,7};
```

则表示 a[0][0]=1、a[0][1]=3、a[0][2]=5、a[1][0]=7，而 a[1][1]、a[1][2]的值均为 0。

也可以按行部分初始化数组。例如：

```
int a[2][3]={{1,3},{5,7}};
```

则表示 a[0][0]=1、a[0][1]=3、a[0][2]=0、a[1][0]=5、a[1][1]=7、a[1][2]=0，此时也可以省略行下标，写成：

```
int a[ ][3]={{1,3},{5,7}};
```

（3）二维数组的引用

二维数组的元素也是通过下标来引用的。数组元素的一般形式为：

```
数组名[行下标][列下标]
```

在 C 语言中，把二维数组看成是一维数组的数组。例如，int a[2][3];可以看作一个 2 行 3 列的二维数组，也可以看作两个长度为 3 的一维数组，数组名分别为 a[0]和 a[1]，a[0]的元素是 a[0][0]、a[0][1]、a[0][2]，a[1]的元素是 a[1][0]、a[1][1]、a[1][2]。

3．字符数组

字符数组就是数组元素的类型是 char。在 C 语言里字符串可以用字符数组来处理。

（1）字符数组的初始化

字符数组的初始化有两种方式：

① 与其他类型的数组类似，将字符逐个写在花括号内。例如：

```
char str[5]={'c','h','i','n','a'};
```

将字符依次赋给 str[0]～str[4]。

② 用字符串常量来初始化字符数组。例如：

```
char str[ ]={"china"};
```

或

```
char str[ ]="china";
```

此时，系统会自动在字符串常量的最后加一个结束标志'\0'，数组的长度等于字符串常量中字符的个数加 1，即 str 占 6 个字节。若有 char s[80]="china";，则从 s[5]～s[79]均为'\0'，即 ASCII 码值为 0 的字符。

由于通常使用字符串时，只关心串中有效字符的个数，而不是字符数组的长度，所以 C 语言规定了字符串的结束标志为'\0'，当遇到'\0'时表明字符串结束，后面的不再是有效字符。

（2）字符串函数

C 语言提供了一些专门用来处理字符串的函数，当用这些函数时，都要求字符数组中的字符串以'\0'作为结束标志，否则处理结果会出错。字符处理函数包含在 ctype.h 中，字符串处理函数包含在 string.h 中。

① 字符串输入、输出函数。

字符串输入函数的调用形式为：

```
gets(字符串首地址);
```

字符串输出函数的调用形式为：

```
puts(字符串首地址);
```

这两个函数都包含在 stdio.h 中。

若有定义：

```
char str[80];
```

用 scanf("%s",str);可以实现对字符串 str 的输入，但是输入时若遇到空格、跳格符和回车符都标志着字符串输入结束。例如，输入为 How are you↙，str 只接收到 How，空格后面的字符全部被截断。即用控制格式符%s 输入，字符串中不能有空格，而用 gets(str);输入字符串，则以回车符结束输入。

用 printf("%s",str);可以实现对字符串 str 的输出，但是输出后光标停在输出串后。而用 puts(str);输出，则光标停在下行开始处，即相当于 printf("%s\n",str);。

② 字符串复制函数。若用字符数组存储字符串，不能给数组整体赋值，但是可以用字符串复制函数实现。例如，若有定义 char str[80];，则 str="china";是错误的，而 strcpy(str,"china");是正确的。要注意第一个字符串必须是字符数组，且长度要足以容纳第二个字符串；第二个字符串可以是字符数组，也可以是字符串常量。

③ 字符串比较函数。字符串的比较不能用关系运算进行，但是可以用字符串比较函数实现。例如，若有定义 char str1[80],str2[80];，且已经正确赋值，则 strcmp(str1,str2)的值为 0 表示两个字符串相等，大于 0 表示 str1>str2，小于 0 表示 str1<str2。

4. 数组名作为函数参数

函数中形参是简单变量时，实参可以是常量、变量或表达式；实参与形参变量间的数据传递是“单向的值传递”，即将实参的值传给形参变量。

数组名作为函数的参数，实质是地址作为函数参数，是“把实参地址传给形参”，这样两个数组就共用同一内存空间，当函数调用结束时，在函数中对数组的操作结果就直接留在实参数组中了。

用数组名作为函数的参数，形参是数组名，实参可以是数组名，也可以是数组元素的地址，实参和形参数组类型必须一致。

8.2　例题分析

【例 8.1】若有以下定义：

```
int a[10]={1,2,3,4,5};
```

则下面数组元素值不正确的是______。

A. a[2]=2　　B. a[0]=1　　C. a[4]=5　　D. a[7]=0

解题知识点：数组的初始化。

解：答案为 A。本题解题要点是：数组元素的下标是从 0 开始的，所以 1～5 依次赋给 a[0]～a[4]；数组部分初始化，前面的元素依次赋值，后面的元素自动为 0。因此，选项 B、C、D 正确，而选项 A 错误（因为 a[2]=3）。

【例 8.2】若有数组定义：

```
int x[4]={1,2,3,4};
```

则语句 printf("%d",x[4]);______。

A. 输出 4　　B. 编译出错　　C. 运行出错　　D. 输出一个不确定的值

解题知识点：数组的初始化及数组元素的下标范围。

解：答案为 D。数组下标从 0 开始，上面的定义，只能使用 x[0]～x[3]，使用 x[4]则下标出界导致错误，输出一个不确定的值。

【例 8.3】以下数组定义中不正确的是______。

A. int a[2][3];　　B. int b[3][ ]={{1},{2,3},{4,5}};

C. int c[ ][3]={{1},{2,3},{4,6}};　　D. int d[ ]={1,2,3,4,5};

解题知识点：数组的定义与初始化。

解：答案为 B。数组在定义时可以进行整体或部分初始化，也可以不进行初始化，所以选项 A 正确；二维数组在全部初始化或按行部分初始化时，可以省略第一维的长度，但绝对不可以省略第二维的长度，选项 C 是按行部分初始化，所以正确；一维数组在进行整体初始化时，可以省略数组长度，所以选项 D 正确，选项 B 不正确。

【例 8.4】读下列程序：

```
#include "stdio.h"
void main()
{  int i,x[3][3]={1,2,3,4,5,6,7,8,9};
   for(i=0;i<3;i++)
     printf("%2d",x[i][2-i]);
}
```

则输出结果是______。

A. 1 5 9　　B. 1 4 7　　C. 3 5 7　　D. 3 6 9

解题知识点：二维数组的初始化和对数组元素的引用。

解：答案为 C。在 C 语言中，二维数组在内存中是按行存放的，初始化也是按行进行的，所以初始化后，数组 x 中第 0 行的元素是 1、2、3；第 1 行的元素是 4、5、6；第 2 行的元素是 7、8、9。程序依次输出的是 x[0][2]、x[1][1]、x[2][0]。

【例 8.5】若有如下定义：

```
char x[ ]={'a','b','c','d','e'};
char y[ ]="abcde";
```

则正确的叙述为______。

A. 数组 x 和数组 y 等价　　B. 数组 x 和数组 y 长度相等

C. 数组 x 的长度大于数组 y 的长度　　D. 数组 x 的长度小于数组 y 的长度

解题知识点：字符数组的初始化。

解：答案为 D。数组 x 的初始化是逐个字符的赋值，数组的长度等于花括号内字符的个数，即为 5；而数组 y 是用字符串常量进行初始化，系统会自动在字符串常量的最后加一个结束标志'\0'，因此数组的长度等于字符串常量中字符的个数加 1，即为 6，所以数组 x 的长度小于数组 y 的长度。

【例 8.6】读下列程序：

```
#include "stdio.h"
#include "string.h"
void main()
{  char arr[2][5];
   strcpy(arr[0],"cock");
   strcpy(arr[1],"hen");
   arr[0][4]='&';
   printf("%s\n",arr);
}
```

上面程序的输出结果是______。

A. cock　　B. hen　　C. cock&hen　　D. 编译出错

解题知识点：二维数组；字符串的操作。

解：答案为 C。本题解题要点是：C 语言将二维数组看成是一维数组的数组，即每一行是一个一维数组（arr[0]是第 0 行的数组名，arr[1]是第 1 行的数组名），在内存中按行展开存放，即 char arr[2][5];的定义为数组 arr 分配 10 个连续的存储单元。执行完两个 strcpy 后，数组 arr 的状态为：

arr[0]　　arr[1]

c	o	c	k	\0	h	e	n	\0	\0

执行 arr[0][4]='&';后，数组 arr 的状态为：

c	o	c	k	&	h	e	n	\0	\0

由于字符串以'\0'作为结束标志，语句 printf("%s\n",arr);是输出以 arr 为首地址的字符串，所以输出为 cock&hen。

【例 8.7】执行下面的程序：

```
#include "stdio.h"
#include "string.h"
void main()
```

```
{  char ss[10]="12345";
   gets(ss);
   strcat(ss,"6789");
   printf("%s\n",ss);
}
```

如果输入 ABC↙，则输出结果是______。

A. ABC6789　　B. ABC67　　C. 12345ABC67　　D. ABC456789

解题知识点：字符数组的初始化；字符串的操作。

解：答案为 A。本题解题要点是：用字符串初始化字符数组以及使用字符串函数得到的字符数组，都是以'\0'作为结束标志的。初始化后数组 ss 的状态为：

1	2	3	4	5	\0	\0	\0	\0	\0

执行 gets(ss);是将字符串"ABC"赋给字符数组 ss，并以'\0'作为结束标志。数组 ss 的状态为：

A	B	C	\0	5	\0	\0	\0	\0	\0

执行 strcat(ss,"6789");是将字符串"6789"连接到当前的字符数组 ss 后面，数组 ss 的状态为：

A	B	C	6	7	8	9	\0	\0	\0

所以，输出结果为 ABC6789。

【例 8.8】有如下程序：

```
#include "stdio.h"
#include "string.h"
void main()
{  char s1[ ]="the",s2[ ]="that";
   if(strcmp(s1,s2)==0)  printf("s1=s1\n");
   else if(strcmp(s1,s2)>0)  printf("s1>s2\n");
       else printf("s1<s2\n");
}
```

则输出的结果是______。

A. s1==s2　　B. s1>s2　　C. s1<s2　　D. 无输出

解题知识点：字符串的比较。

解：答案为 B。本题的解题要点是：字符串的比较是串中对应字符的 ASCII 码值的比较，比较结果取决于第一对不相同字符的 ASCII 码值。字符串"the"和"that"中第一对不相同的字符是'e'和'a'，前者的 ASCII 码值大于后者的 ASCII 码值，所以 s1>s2。

8.3 同步练习

一、选择题

1. 下列语句中不正确的是______。

A. char a[2]={1,2};　　B. int a[2]={'1','2'};

C. char a[2]={'1','2','3'};　　D. char a[2]={'1'};

2. 读下列程序：

```
#include "stdio.h"
void main()
{  int a[5],i,j;a[0]=1;
   for(i=0;i<3;i++)
     for(j=i;j<3;j++)
       a[j]=i+1;
   for(i=0;i<3;i++)
     printf("%d",a[i]);
   printf("\n");
}
```

上面程序的输出结果是______。

A. 234　　B. 345　　C. 456　　D. 123

3. 若有以下定义：int t[3][2];能正确表示 t 数组元素地址的表达式是______。

A. &t[3][1]　　B. t[3]　　C. t[1]　　D. t[2][1]

4. 有如下程序：

```
#include "stdio.h"
void main()
{  int a[3][3]={{1,2},{3,4},{5,6}},i,j,s=0;
   for(i=1;i<3;i++)
     for(j=0;j<=i;j++)
       s+=a[i][j];
   printf("%d\n",s);
}
```

该程序的输出结果是______。

A. 18　　B. 19　　C. 20　　D. 21

5. 为了判断两个字符串 s1 和 s2 是否相等，应当使用______。

A. if(s1==s2)　　B. if(s1=s2)　　C. if(strcpy(s1,s2))　　D. if(strcmp(s1,s2)==0)

6. 若有语句 char str1[10],str2[10]={"books"};，则能将字符串"books"赋给数组 str1 的正确语句是______。

A. str1={"books"};　　B. strcpy(str1,str2);　　C. str1=str2;　　D. strcpy(str2,str1);

7. 以下程序段的输出结果是______。

```
static char a[]="-12345";
int k=0,symbol,m;
if(a[k]=='+' || a[k]=='-')
   symbol=(a[k++]=='+')?1:-1;
for(m=0;a[k]>='0' && a[k]<='9';k++)
   m=m*10+a[k]-'0';
printf("number= %d\n",symbol*m);
```

A. number= -12345　　B. number= 12345

C. number= -10000　　D. number= 100000

8. 下面语句的输出结果是______（字符串内没有空格字符）。

```
printf("%d\n",strlen("AST\n012\1\\"));
```

A. 11　　B. 10　　C. 9　　D. 8

9. 下面程序的输出结果是______。

```
#include "stdio.h"
void main()
{  char s[10]={'s','t','u','d','e','n','t'};
   printf("%d\n",strlen(s));
}
```

A. 7　　B. 8　　C. 9　　D. 14

10. 下列定义和语句中正确的是______。

A. char str[]="China";

B. char str[];str="China";

C. char str1[10],str2[]={"China"};str1=str2;

D. char str1[],str2[]="China"; strcpy(str1,str2);

11. 下列语句中不正确的是______。

A. char a[10]; scanf("%s",a);

B. char a[]="China";printf("%s",a);

C. char a[]="China";printf("%s",a[0]);

D. char a[10]="China";printf("%s",a);

12. 有如下程序：

```
#include "stdio.h"
void main()
{  char a[3];
   scanf("%s",a);
   printf("%c,%c\n",a[1],a[2]);
}
```

若输入 ab，程序的执行结果是______。

A. a,b　　B. a,　　C. b,　　D. 程序出错

13. 读下列程序：

```
#include "stdio.h"
f(int b[ ],int n)
{  int i,r;
   r=1;
   for(i=0;i<=n;i++)  r=r*b[i];
   return r;
}
void main()
{  int x,a[ ]={2,3,4,5,6,7,8,9};
   x=f(a,3);
   printf("%d\n",x);
}
```

程序的输出结果是______。

A. 720　　B. 120　　C. 24　　D. 6

二、填空题

1. 请完成以下有关数组描述的填空。

（1）C 语言中，数组元素的下标下限为__（1）__。

（2）C 语言中，数组名是一个不可变的__（2）__量，不能对它进行赋值运算。

（3）数组在内存中占一__（3）__的存储区，由__（4）__代表它的首地址。

（4）C 程序在执行过程中，不检查数组下标是否__（5）__。

2. 输入 10 个整数，用选择法排序按从小到大的顺序输出。

```
#include "stdio.h"
#define N 10
void main ()
{  int i,j,min,temp,a[N];
   for(i=0;i<N;i++)
     scanf("%d",___(1)___);
   printf("\n");
   for(i=0;___(2)___;i++)
   {  min=i;
      for(j=i+1;j<N;j++)
         if(a[min]>a[j])  ___(3)___;
      temp=a[i];a[i]=a[min];a[min]=temp;
   }
   for(i=0;i<N;i++)
      printf("%5d",a[i]);
   printf("\n");
}
```

3. 有一个数组内放10个整数，要求找出最小数的下标，然后把它和数组最前面的元素位置对换。

```
#include "stdio.h"
void main()
{  int i,a[10],min,k=0;
   printf("\n please input array 10 elements\n");
   for(i=0;i<10;i++)
     scanf("%d",&a[i]);
   for(i=0;i<10;i++)
      printf("%5d",a[i]);
   printf("\n");
   min=a[0];
   for(i=1;i<10;i++)
     if(___(1)___)  { min=a[i];k=i; }
   a[k]=___(2)___;a[0]=___(3)___;
   printf("\n after exchange:\n");
   for(i=0;i<10;i++)
     printf("%5d",a[i]);
   printf("\nk=%d\nmin=%d\n",k,min);
}
```

4. 下面程序的输出结果是________。

```
#include "stdio.h"
void main()
{  int a[3][3]={1,3,5,7,9,11,13,15,17},sum=0,i,j;
   for(i=0;i<3;i++)
     for(j=0;j<3;j++)
      { a[i][j]=i+j;if(i==j) sum=sum+a[i][j];  }
   printf("sum=%d\n",sum);
}
```

5. 输入五个字符串，将其中最小的字符串打印出来。

```
#include "stdio.h"
#include "string.h"
void main()
{ char str[10],temp[10];int i;
   ___(1)___;
   for(i=0;i<4;i++)
```

```
    { gets(str);if(strcmp(temp,str)>0)  ___(2)___; }
  printf("%s\n",temp);
}
```

6. 下面的程序以每行输出四个数据的形式输出 a 数组。

```
#include "stdio.h"
void main()
{ int a[20],i;
  for(i=0;i<20;i++)
     scanf("%d",___(1)___);
  for(i=0;i<20;i++)
  { if(___(2)___)  ___(3)___
    printf("%4d",a[i]);
  }
  printf("\n");
}
```

7. 下面的程序把一个整数转换成二进制数，所得二进制数的每一位放在一维数组中，输出此二进制数。注意：二进制数的最低位在数组的第一个元素中。

```
#include "stdio.h"
void main()
{ int b[16],x,i,k=0;
  printf("Enter a int number:");
  scanf("%d",&x);
  while(x!=0)
    {  b[k++]=x%___(1)___;x/=___(2)___; }
  for(i=k-1;___(3)___;i--)
    printf("%d",b[i]);
  printf("\n");
}
```

8. 下面的程序实现：输入一行字符统计其中有多少个单词，单词之间用空格分隔。

```
#include "stdio.h"
void main()
{  char c,string[81];int i,num=0,word=0;
   printf("input string:\n");
   gets(___(1)___);
   for(i=0;(c=string[i])!='\0';i++)
     if(c==32)  ___(2)___;
     else  if(word==0) { word=1;___(3)___; };
   printf("There are %d words in the line.\n",num);
}
```

9. 下面程序的作用是：求出二维数组中最大元素的值和它所在的行和列。

```
#include "stdio.h"
void main()
{ int a[3][4]={{1,2,3,4},{9,8,7,6},{-10,10,-5,2}};
  int i,j,row,colum,max;
  max=a[0][0];row=0;colum=0;
  for(i=0;i<3;i++)
    for(j=0;j<4;j++)
      if(___(1)___<a[i][j])
        { max=a[i][j];___(2)___=i;colum=___(3)___; }
  printf("max=%d,row=%d,colum=%d\n",max,row,colum);
}
```

10. 下面的程序用冒泡法对 n 个数从小到大排序。

```
#include "stdio.h"
#define MAX 100
void main()
{ int i,j,n, __(1)__ ,a[MAX];
  printf("n=");scanf("%d",&n);
  for(i=1;i<=n;i++)
    scanf("%d", __(2)__ );
  for(i=1;i<n;i++)
  { flag=1;
    for(j=1;j<=n-i;j++)
     if(a[j]>a[j+1])
       { flag=0;t=a[j];a[j]=a[j+1];a[j+1]=t; }
    if(flag)  __(3)__ ;
  }
  printf("排序遍数=%d\n",i==n?n-1:i);
  for(i=1;i<=n;i++)
    printf("%5d",a[i]);
  printf("\n");
}
```

11. 求出二维数组中的最大元素值。

```
#include "stdio.h"
int max_value(int m,int n, __(1)__ )
{ int i,j,max;
  max=array[0][0];
  for(i=0;i<m;i++)
    for(j=0;j<n;j++)
      if(max<array[i][j]) __(2)__ ;
  return max;
}
void main()
{ int a[3][4]={{1,3,5,7},{2,4,6,8},{15,17,12,14}};
  printf("max value is %d\n", __(3)__ );
}
```

12. 下列函数用于确定一个给定字符串 str 的长度。

```
int strlen(char str[ ])
{  int num;
  num=0;
  while( __(1)__ )  ++num;
  return( __(2)__ );
}
```

13. 下面 invert()函数的功能是将一个字符串 str 的内容逆序存放。请填空完善程序。

```
#include <string.h>
void invert(char str[ ])
{  int i,j, __(1)__ ;
  for(i=0,j=strlen(str) __(2)__ ;i<j;i++,j--)
    { k=str[i];str[i]=str[j];str[j]=k;}
}
```

14. 以下函数 conj()把两个字符串 s1 和 s2 连接起来。

```
void conj(char s1[ ],char s2[ ])
```

```
{   int i=0,j=0;
    while(s1[i]!=___(1)___)  i++;
    while(s2[j]!=___(2)___)  s1[i++]=___(3)___;
    ___(4)___='\0';
}
```

15. 以下函数 cpy()把字符数组 s2 中的全部字符复制到字符数组 s1 中。复制时'\0'也要复制过去，'\0'后面的字符不需要。

```
void cpy(char s1[ ],char s2[ ])
{  int i;
   for(i=0;i<=strlen(___(1)___);i++)
     s1[i]=___(2)___;
}
```

三、编程题

1. 编写函数求数组元素的平均值。在主函数中输入数组，并输出大于平均值的数组元素。
2. 编写函数，找出数组中最小元素，返回其下标。在主函数中将最小元素与第一个元素互换。
3. 编写函数，统计若干个学生的平均成绩、最高分以及得最高分的人数，并在主程序中输出。例如，输入 10 个学生的成绩：92，67，68，56，92，84，67，75，92，66，则输出平均成绩为 75.9，最高分为 92，得最高分的人数为 3 人。
4. 有一个已经排好序的数组，输入一个数 x，插入到数组中使之仍然有序。
5. 编写函数把数组中所有奇数放在另一个数组中。在主函数中输出奇数数组。
6. 编写函数对字符数组按字母 ASCII 码值由大到小顺序进行排序。在主函数中输出排序结果。
7. 编写函数，将十六进制数转换成十进制数。在主函数中输入十六进制数，最后在主函数中输出十进制数。
8. 编写函数求二维数组周边元素之和，作为函数返回值，并在主函数中输出。
9. 将一个数组中的元素按逆序重新存放。例如，原来是 1,3,5,7,9，要求改为 9,7,5,3,1，且仍存在原数组中。

四、趣味编程题

1. 输出“魔方阵”。所谓魔方阵是指这样的奇数方阵，它的每一行、每一列、对角线之和均相等。例如，三阶魔方阵为：

8	1	6
3	5	7
4	9	2

2. 生成“螺旋方阵”，并将其输出。例如，5 阶螺旋方阵如下图：

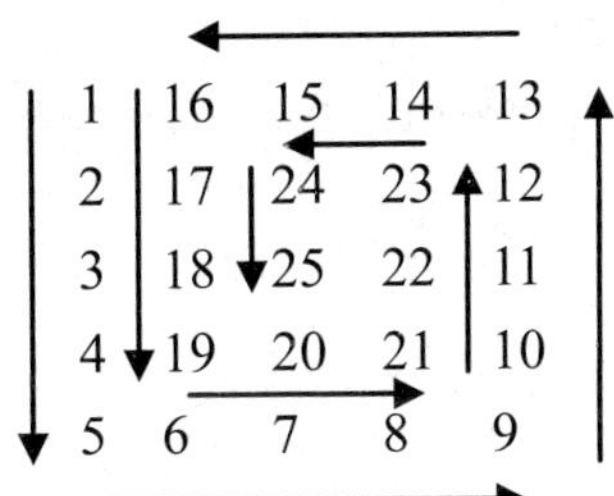

8.4 参考答案

一、选择题

1. C　2. D　3. C　4. A　5. D
6. B　7. A　8. C　9. A　10. A
11. C　12. C　13. B

二、填空题

1. （1）0　（2）地址　（3）连续　（4）数组名　（5）越界
2. （1）&a[i]　（2）i<N-1　（3）min=j
3. （1）a[i]<min　（2）a[0]　（3）min
4. sum=6
5. （1）gets(temp)　（2）strcpy(temp,str)
6. （1）&a[i]　（2）i%4==0　（3）printf("\n");
7. （1）2　（2）2　（3）i>=0
8. （1）string　（2）word=0　（3）num++
9. （1）max　（2）row　（3）j
10. （1）flag,t　（2）&a[i]　（3）break
11. （1）int array[][4]　（2）max=array[i][j]　（3）max_value(3,4,a)
12. （1）str[num]!='\0'（或 str[num]）　（2）num
13. （1）k　（2）-1
14. （1）'\0'　（2）'\0'　（3）s2[j++]　（4）s1[i]
15. （1）s2　（2）s2[i]

三、编程题

1. 函数 average()：形参变量是 int 型数组 a，数组长度 n 为 int 型；返回值是平均值 ave 为 float 型。算法设计：

（1）初始化：ave=0。

（2）循环变量 i 从 0 到 n-1，循环累加数组元素：ave=ave+a[i]。

（3）返回平均值：ave/n。

主函数 main()算法设计：

（1）输入数组 a 各元素。

（2）调用函数计算并输出平均值 ave。

（3）循环变量 i 从 0 到 n-1，循环判断数组元素：若 a[i]>ave 则输出。

程序设计：

```
#include "stdio.h"
#define N 6
float average(int a[],int n)
{ int i;float ave=0;
```

```
  for(i=0;i<n;i++)                         /* 求数组元素总和 */
   ave+=a[i];
  return ave/n;                            /* 返回数组元素平均值 */
}
void main()
{ int a[N],i;float ave;
  printf("Enter data:");                   /* 输入数组各元素 */
  for(i=0;i<N;i++)
    scanf("%d",&a[i]);
  ave=average(a,N);                        /* 调用函数求平均值 */
  printf("average=%.1f\n",ave);            /* 输出平均值 */
  for(i=0;i<N;i++)                         /* 输出大于平均值的各元素 */
    if(a[i]>ave) printf("%5d",a[i]);
  printf("\n");
}
```

程序测试：

```
Enter data: 65 90 85 80 75 70↙
average=77.5
   90   85   80
```

2. 函数 fun()：形参变量是 int 型数组 a，数组长度 n 为 int 型；返回值是最小元素 min 的下标 j，均为 int 型。算法设计：

（1）初始化：最小元素 min=a[0]，最小元素下标 j=0。

（2）循环变量 i 从 1 到 n−1，循环比较数组元素：如果 a[i]<min，则 min=a[i]、j=i。

（3）返回最小元素下标：j。

主函数 main()算法设计：

（1）输入数组 a 各元素。

（2）调用函数找出最小元素下标 j。

（3）利用中间变量 s 将 a[j]与 a[0]互换。

程序设计：

```
#include "stdio.h"
#define N 6
int fun(int a[],int n)
{ int i,min,j;
  min=a[0];j=0;                      /* 初始化 */
  for(i=1;i<n;i++)                   /* 找最小元素，变量 j 保存其下标 */
    if(a[i]<min) { min=a[i];j=i; }
  return j;
}
void main()
{ int a[N],i,j,s;
  printf("Enter data:");             /* 输入数组各元素 */
  for(i=0;i<N;i++)
     scanf("%d",&a[i]);
  j=fun(a,N);                        /* 调用函数求最小元素下标 */
  s=a[j];a[j]=a[0];a[0]=s;           /* 最小元素与第一个元素互换 */
  for(i=0;i<N;i++)                   /* 输出交换后的数组各元素 */
```

```
      printf("%3d",a[i]);
    printf("\n");
}
```

程序测试:

```
Enter data: 6 7 5 8 3 9↙
  3 7 5 8 6 9
```

3. 函数 fun(): 形参变量是 int 型的数组 a，数组长度 n 为 int 型；由于需要向主函数传递平均成绩 ave、最高分 max 和得最高分的人数 con 三个数值，而函数本身只能返回一个值，所以将 max 和 con 定义成全局变量，ave 由函数返回。算法设计:

（1）初始化：平均成绩 ave=a[0]；最高分 max=a[0]；得最高分的人数 con=0。

（2）循环变量 i 从 1 到 n–1，循环做:

① 求累加和：ave=ave+a[i]。

② 找最高分：如果 a[i]>max，则 max=a[i]。

（3）循环变量 i 从 0 到 n–1，循环比较数组元素：如果 a[i]等于 max，则计数 con++。

（4）返回平均成绩：ave/n。

主函数 main()算法设计:

（1）初始化数组 a。

（2）调用函数，输出平均成绩 ave、最高分 max 和得最高分的人数 con。

程序设计:

```
#include "stdio.h"
#define N 10
int max,con;                                    /* 定义全局变量 */
float fun(int a[],int n)
{ int i;float ave;
  max=ave=a[0];con=0;                           /* 初始化 */
  for(i=1;i<n;i++)                              /* 求总分、找最高分 */
  { ave=ave+a[i];
    if(a[i]>max) max=a[i];
  }
  for(i=0;i<n;i++)                              /* 统计得最高分的人数 */
    if(a[i]==max) con++;
  return ave/n;                                 /* 返回平均成绩 */
}
void main()
{ int i,a[N]={92,67,68,56,92,84,67,75,92,66};
  printf("primary data:");                      /* 输出原始数组 */
  for(i=0;i<N;i++)
    printf("%3d",a[i]);
  printf("\n");
  printf("average=%.1f \n",fun(a,N));           /* 输出平均成绩 */
  printf("max=%d\n",max);                       /* 输出最高分 */
  printf("con=%d\n",con);                       /* 输出得最高分的人数 */
}
```

程序测试:

```
primary data:  92 67 68 56 92 84 67 75 92 66
```

```
average=77.9
max=92
con=3
```

4. 变量设计：N 个数据要定义长度为 N+1 的数组 a，以便插入一个数据 x；查找插入位置 i，循环变量 j 控制移动数据。

算法设计：

（1）输入一个要插入的数据 x，它有 3 种可能：小于数组中最小的数（前插）；大于数组中最大的数（后插）；比数组中最小的大，比最大的小（中间插）。

（2）查找插入位置（数组中第一个大于 x 的数据的位置）。

（3）移动数据，为待插数据定位。

```
#include "stdio.h"
#define N 5
void main()
{  int i,j,x,a[N+1]={3,5,7,9,11};
   printf("primary data:");              /* 输出原始数据 */
   for(i=0;i<N;i++)
     printf("%3d",a[i]);
   printf("\n");
   printf("x=");scanf("%d",&x);          /* 输入要插入的数据 */
   i=0;
   while(i<N && x>a[i])  i++;            /* 查找插入位置 */
   for(j=N-1;j>=i;j--)                   /* 将从数组尾部到待插位置的数据依次后移 */
      a[j+1]=a[j];
   a[i]=x;                               /* 定位待插数据*/
   for(i=0;i<N+1;i++)                    /* 输出插入后的数据 */
      printf("%3d",a[i]);
   printf("\n");
}
```

程序测试 1（前插）：

```
primary data:  3  5  7  9  11
x=1↙
  1  3  5  7  9  11
```

程序测试 2（中间插）：

```
primary data:  3  5  7  9  11
x=8↙
  3  5  7  8  9  11
```

程序测试 3（后插）：

```
primary data:  3  5  7  9  11
x=15↙
  3  5  7  9  11  15
```

5. 变量设计：原始数据数组 a，存放奇数的数组 b，奇数个数 con。

函数 fun()：形参变量是 int 型数组 a 和 b，数组长度 n 为 int 型；函数返回奇数的个数 con，以便主函数控制输出。算法设计：

（1）初始化：奇数个数 con=0。

（2）循环变量 i 从 0 到 n−1，循环做：如果 a[i]%2 等于 1，则 a[i]是奇数，b[con++]=a[i]。

（3）返回奇数个数con。

主函数main()算法设计：

（1）初始化数组a。

（2）调用函数得到奇数个数con。

（3）循环变量i从0到con-1，循环输出奇数数组b。

程序设计：

```
#include "stdio.h"
#define N 10
int fun(int a[],int b[],int n)
{ int i,con=0;
  for(i=0;i<n;i++)                    /* 数组a的元素是奇数，则存入数组b */
    if(a[i]%2) b[con++]=a[i];         /* con统计奇数个数 */
  return con;
}
void main()
{ int i,con,a[N]={0,9,2,6,7,5,8,1,4,3},b[N];
  printf("array a:");                 /* 输出原始数据数组a */
  for(i=0;i<N;i++)
    printf("%3d",a[i]);
  printf("\n");
  con=fun(a,b,N);                     /* 调用函数 */
  printf("array b:");                 /* 输出奇数数组b */
    for(i=0;i<con;i++)
    printf("%3d",b[i]);
  printf("\n");
}
```

程序测试：

```
array a:  0  9  2  6  7  5  8  1  4  3
array b:  9  7  5  1  3
```

6. 函数fun()：形参变量是char型数组str；测字符串长度len以便控制排序；函数排序结果仍在数组str中（str与主函数的数组str共用同一片存储单元），不需要返回值。用选择法排序。

主函数main()算法设计：

（1）输入字符串str。

（2）调用函数排序。

（3）输出排序结果。

程序设计：

```
#include "stdio.h"
#include "string.h"
void fun(char str[])
{ int i,j,p,len;char ch;
  len=strlen(str);                        /* 求串长 */
  for(i=0;i<len-1;i++)                    /* 用选择法排序 */
  { for(p=i,j=i+1;j<len;j++)
      if(str[j]>str[p]) p=j;
    if(p!=i) { ch=str[i];str[i]=str[p];str[p]=ch; }
  }
```

```
}
void main()
{ char str[80];
  printf("enter characters:\n");
  gets(str);                          /* 输入字符串 */
  fun(str);                           /* 调用函数排序 */
  puts(str);                          /* 输出排序后的字符串 */
}
```

程序测试：

```
enter characters:
characters↙
tsrrheccaa
```

7. 函数 hex_to_dec()：形参变量是 char 型数组 s，存放十六进制数；循环变量 i 控制转换每一个字符，形成十进制数 n。

算法设计：循环转换数组的每一个元素（即十六进制数的每一位）。

（1）字符所在位权值的控制：例如，十六进制的 123 转换成十进制 n（初值为 0），每循环一次转换一位，即 n 乘 16 加该位数字（从高位到低位）。

（2）每一位的转换：若字符 s[i]是'0'～'9'，到数字的转换为 s[i]-'0'（例如，s[i]='5'，s[i]-'0'=5）；若字符 s[i]是'a'～'f'，到数字的转换为 s[i]-'a'+10（例如，s[i]='b'，s[i]-'a'+10=11）；若字符 s[i]是'A'～'F'，到数字的转换为 s[i]-'A'+10（例如，s[i]='B'，s[i]-'A'=11）。

主函数 main()算法设计：

（1）变量设计：若十进制整数用长整型变量 n 存储，则十六进制整数最多 8 位（因为 long 类型占 4 个字节，32 个二进制位；4 位二进制数是一位十六进制数），所以定义长度为 9（因为串尾要加'\0'）的字符数组 hex[9]存放十六进制数。

（2）输入控制：因为十六进制数由 0～9 及 a～f 或 A～F 组成，所以输入时要加以判断，有不合理的输入则中断。

```
#include "stdio.h"
long hex_to_dec(char s[])
{ int i;long n=0;
  for(i=0;s[i];i++)
  { if(s[i]>='0'&&s[i]<='9')          /* s[i]是'0'～'9' */
      n=n*16+s[i]-'0';
    if(s[i]>='A'&&s[i]<='F')          /* s[i]是'A'～'F' */
      n=n*16+s[i]-'A'+10;
    if(s[i]>='a'&&s[i]<='f')          /* s[i]是'a'～'f' */
      n=n*16+s[i]-'a'+10;
  }
  return n;
}
void main()
{ char ch,hex[9];int i=0;long n;
  printf("Enter a hex number: ");
  while(i<8 && (ch=getchar())!='\n')
    if(ch>='0' && ch<='9' || ch>='a' && ch<='f' || ch>='A' && ch<='F')
      hex[i++]=ch;
    else break;
```

```
    hex[i]='\0';
    n=hex_to_dec(hex);
    printf("%s -> %ld\n",hex,n);
  }
```

程序测试：

```
Enter a hex number: a2c3↙
a2c3 -> 14667
```

再运行一次：

```
Enter a hex number: A2C3↙
A2C3 -> 14667
```

8. 函数 fun()：形参变量是 int 型 M 行 N 列的二维数组 a；函数返回周边元素之和 sum。算法设计：

（1）初始化：sum=0。

（2）用循环变量 i 控制行，用循环变量 j 控制列，循环做：如果数组元素 a[i][j]的行下标 i 等于 0 或等于 M-1，或列下标 j 等于 0 或等于 N-1，则该元素是周边元素，sum=sum+a[i][j]。

（3）返回 sum。

主函数 main()算法设计：

（1）输入二维数组 a。

（2）调用函数，输出周边元素之和 sum。

程序设计：

```
#include "stdio.h"
#define M 4
#define N 5
int fun(int a[M][N])
{ int i,j,sum=0;
  for(i=0;i<M;i++)
   for(j=0;j<N;j++)
    if(i==0 || i==M-1 || j==0 || j==N-1)
       sum+=a[i][j];
  return sum;
}
void main()
{ int a[M][N],i,j;
  printf("enter array a: \n");    /* 输入二维数组 */
  for(i=0;i<M;i++)
   for(j=0;j<N;j++)
     scanf("%d",&a[i][j]);
  printf("sum=%d\n",fun(a));      /* 调用函数，输出周边元素之和 */
}
```

程序测试：

```
enter array a:
1 3 5 7 9↙
2 4 6 8 10↙
2 3 4 5 6↙
4 5 6 7 8↙
sum=75
```

9. 算法 1：定义 int 型数组 a，循环变量 i 从 0～N/2，循环做：a[i]与 a[N-i-1]互换。

```
#include "stdio.h"
#define N 5
main()
{ int a[N]={1,3,5,7,9},i,temp;
  for(i=0;i<N;i++)                    /* 输出原数组 */
    printf("%4d",a[i]);
  printf("\n");
  for(i=0;i<N/2;i++)                  /* 逆序存放 */
  { temp=a[i];a[i]=a[N-i-1];a[N-i-1]=temp; }
  for(i=0;i<N;i++)                    /* 输出逆序数组 */
    printf("%4d",a[i]);
  printf("\n");
}
```

算法 2：循环变量 i 从 0、j 从 N-1 开始，i 每次加 1、j 每次减 1；当 i<j 时，a[i]与 a[j]互换。

```
#include "stdio.h"
#define N 5
main()
{ int a[N]={1,3,5,7,9},i,j,temp;
  for(i=0;i<N;i++)                              /* 输出原数组 */
    printf("%4d",a[i]);
  printf("\n");
  for(i=0,j=N-1;i<j;i++,j--)                    /* 逆序存放 */
  { temp=a[i];a[i]=a[j];a[j]=temp; }
  for(i=0;i<N;i++)                              /* 输出逆序数组 */
    printf("%4d",a[i]);
  printf("\n");
}
```

四、趣味编程题

1. 分析：n 阶魔方阵中各数的排列规律如下：

（1）将 1 放在第 0 行中间一列。

（2）从 2 开始直到 n×n 为止各数依次按下列规律存放：

a）每一个数存放的行比前一个数的行数减 1，列数加 1。

b）如果行数减 1 后，小于 0，则令行数等于 n-1（即行数最小之后为最大）。

c）如果列数加 1 后，大于 n-1，则令行数等于 0（即列数最大之后为最小）。

d）若按上面规则确定的位置上已经有数或前一个数在第 0 行第 n-1 列上，则把后一个数放在前一个数的下面。

```
#include "stdio.h"
void main()
  { int x[20][20]={0};                /* 定义数组并初始化 */
    int n,m,i,j,a,b;
    /* n 是是魔方的阶数，m 从 2 到 n-1，a、b 是前一个数的行列下标，i、j 是当前数的行列下
标 */
    printf("enter a odd number\n");  scanf("%d",&n);
    i=0;j=n/2;x[i][j]=1;              /* 1 定位 */
    for(m=2;m<=n*n;m++)               /* 2 到 n*n 循环定位 */
```

```
    {  a=i;b=j;                        /* 保留前一个数的位置 */
       i--;j++;                        /* 行减 1，列加 1 */
       if(i<0)i=n-1;                   /* 行数最小之后为最大 */
       if(j==n)j=0;                    /*即列数最大之后为最小 */
      /* 确定的位置上已经有数或前一个数在第 0 行第 n-1 列上 */
       if(x[i][j]||a==0&&b==n-1)
        {i=a+1;j=b;}                   /* 把后一个数放在前一个数的下面 */
       x[i][j]=m;                      /* m 定位*/
    }
   for(i=0;i<n;i++)                    /* 输出“魔方”阵 */
    {  for(j=0;j<n;j++)
         printf("%5d",x[i][j]);
       printf("\n");
    }
  }
```

2. 分析：设 m 取值从 1 到 n×n；若每循环一次生成一圈，n 阶阵需循环(n+1)/2 次。具体步骤：

（1）初始化：m=1。

（2）生成矩阵 x[n][n]：圈循环控制变量 i 从 0 到(n+1)/2–1 次循环做：

a）生成左列：元素的行下标 j 从 i 到 n–1，每次加 1，列下标固定为 i，即 x[j][i]=m++。

b）生成下行：元素的行下标固定为 n–1–i，列下标 j 从 i+1 到 n–1–i，每次加 1，即 x[n–1–i][j]=m++。

c）生成右列：元素的行下标 j 从 n–2–i 到 i，每次减 1，列下标固定为 n–1–i，即 x[j][n–1–i]=m++。

d）生成上行：元素的行下标固定为 i，列下标 j 从 n–2–i 到 i+1，每次减 1，即 x[i][j]=m++。

（3）输出矩阵。

```
#include "stdio.h"
void main()
   { int x[20][20]={0};
     int n,m,i,j;
     printf("enter a number(1-20)\n");
     scanf("%d",&n);
     m=1;
     for(i=0;i<(n+1)/2;i++)             /* 生成矩阵 */
      { for(j=i;j<=n-1-i;j++)           /* 生成左列 */
          x[j][i]=m++;
        for(j=i+1;j<=n-1-i;j++)         /* 生成下行 */
          x[n-1-i][j]=m++;
        for(j=n-2-i;j>=i;j--)           /* 生成右列 */
          x[j][n-1-i]=m++;
        for(j=n-2-i;j>=i+1;j--)         /* 生成上行 */
          x[i][j]=m++;
      }
     for(i=0;i<n;i++)                   /* 输出矩阵 */
     { for(j=0;j<n;j++)
         printf("%5d",x[i][j]);
       printf("\n");
     }
   }
```

第 9 章　指　　针

9.1　要点、难点阐述

1. 指针和指针变量

① 指针就是地址，一个变量的地址就称为该变量的指针，如&i 就是变量 i 的指针。

② 存放地址的变量称为指针变量。通过指针变量可以实现对其他变量的间接访问。

例如，定义整型变量 i 和指向整型变量的指针变量 p：

```
int i,*p;
```

③ 与指针有关的运算：

- “指向”操作：为指针变量赋值，使指针变量指向具体的变量。例如：

```
p=&i;                /* p 指向变量 i */
```

- “间接访问”操作：对指针变量所指的变量进行存取。如*p 是 p 所指向的变量 i，是对变量 i 的间接访问。例如：

```
i=3;                 /* 将 3 赋给变量 i，直接访问内存 */
*p=3;                /* 将 3 赋给变量 i，通过 p 间接访问内存 */
```

此时，*p 和 i 等价。

④ 指针变量用作函数参数，可以增加主调函数与被调函数之间的数据传输渠道。例如，下面程序的功能是输入一个整数 n，求 $1\sim n$ 的累加和。

```
#include "stdio.h"
int fun(int n)
{  int i,y=0;
   for(i=1;i<=n;i++) y+=i;
   return y;
}
void main()
{  int n,sum;
   scanf("%d",&n);
   sum=fun(n);
   printf("sum=%d\n",sum);
}
```

可以改写如下，结果是一样的：

```
#include "stdio.h"
void fun(int n,int *y)
{  int i;
   *y=0;
```

```
   for(i=1;i<=n;i++) *y+=i;
}
void main()
{  int n,sum;
   scanf("%d",&n);
   fun(n,&sum);
   printf("sum=%d\n",sum);
}
```

可见，前一个程序是通过 return 语句返回计算结果；后一个程序 main()函数将变量 sum 的地址&sum 作实参传递给了函数 fun()中的形参指针变量 y，所以*y 就是 sum，在*y 中累加就是在 sum 中累加，因此函数 fun()中不用 return 语句，函数类型为 void。

用指针变量作函数参数，主调函数将变量的地址传递给被调函数，被调函数通过“间接访问”操作，把操作结果存储在主调函数的变量中，实现被调函数对主调函数中变量值的改变，从而增加了函数之间的传输渠道，避免了用全局变量带来的负面作用，保证了函数的独立性。

注意： 使用指针变量，首先要定义，其次要赋值，然后才可以引用。

定义不同类型的指针变量，可以方便地引用数组、字符串和函数。

2．一维数组与指针变量

（1）指向数组元素的指针变量

数组的指针就是数组的起始地址，在 C 语言中数组名代表数组的首地址。如定义长度为 5 的整型数组 a 和指向数组元素的指针变量 p，并使 p 指向数组的第一个元素：

```
int a[5],*p;
p=a;              /* 或 p=&a[0]; */
```

此时，p 和 a 的值是相等的。但是，p 是指针变量，它的指向是可以改变的，而 a 是指针常量，是固定的地址。

C 语言规定：若指针变量 p 已经指向数组中的一个元素，则 p+1 指向该元素的下一个元素，不是 p 的值加 1。

例如，若数组元素是 int 类型，则意味着 p+1 的值比 p 的值多 2 个字节；若数组元素是 float 类型，则意味着 p+1 的值比 p 的值多 4 个字节。

（2）用指针变量 p 引用数组元素

① 指针相对引用法：相对固定的地址偏移若干个存储单元。例如：

```
p+3;              /* 或 p-3; */
```

若 p=a，则 p+i 与 a+i 等价，就是&a[i]；*(p+i)与*(a+i)等价，就是 a[i]。

② 指针移动法：改变指针变量的指向，是对指针变量重新赋值。例如：

```
p++;              /* 或 ++p; */
```

若 p 原来指向 a[0]，则 p++使 p 指向 a[1]，此时 p 的值是&a[1]。

注意： 指针变量的移动范围是有限的，不应该超出所指数组的上下界。

（3）指向数组元素的指针变量允许的运算

如有定义：

```
int a[5],*p,*q;
```

指针变量 p、q 除了可以赋值（如 p=a;）、间接访问（如*p）、加减一个常量（如 p+3）、自增自减（如++p）运算以外，还可以做如下运算：

① 关系运算：比较两个指针变量值的大小，即比较两个地址。例如：

```
p<q
```

若 p 指向 a[0]，q 指向 a[4]，因为数组的存储单元是连续的，&a[4]一定大于&a[0]，所以表达式 p<q 值为 1。

② 减法运算：指两个指针相减，得到的是两个指针之间的元素个数。例如：

```
q-p
```

若 p 指向 a[0]，q 指向 a[4]，则 q-p 值为 4，是从 p 到 q 之间的元素个数。

（4）函数的形式参数

当形参是数组名形式时，实质上也是一个指针变量。它用实参传递过来的地址赋初值，然后在实参数组中对各数组元素进行操作。

函数形参是指针变量，实参可以是数组名，也可以是已经赋值的指针变量或是数组元素的地址。引用数组元素可以用指针法，也可以用下标法。

（5）字符串与指针变量

对字符串进行处理除了用字符数组，还可以用指向字符串的指针变量。

字符串的指针就是字符串的首地址，即字符串中第一个字符的地址。定义指向字符串的指针变量，就是定义 char 型的指针变量。指向字符串的指针变量被赋值后，变量中存放的是字符串中第一个字符的地址，字符串占用连续的内存单元，并以'\0'作为字符串的结束标志。

3. 多级指针与指针数组

（1）多级指针

例如：

```
int x,*p,**pp;
x=5;p=&x;pp=&p;
```

其中，p 为一级指针变量，pp 为二级指针变量。多级指针变量每做一次"*"运算就降一级。

（2）指针数组

一个数组，如果它的每个元素都是指针变量，则称为指针数组。例如：

```
int *p[4];
```

定义了一个数组 p，它的四个元素都是一级指针变量，都可以指向 int 型变量。

数组名 p 是数组的首地址，是指针，即 p 与&p[0]等价。由于 p[0]是一级指针，所以 p 就是二级指针，即指针数组名是二级指针常量，可以定义二级指针变量指向指针数组，引用数组元素。

4. 二维数组与指针变量

（1）二维数组元素及其地址的表示方法

① 下标表示法。C 语言把二维数组看做是若干个一维数组的组合。如有定义：

```
int a[3][4];
```

第 i 行第 j 列的数组元素为 a[i][j]，其地址为&a[i][j]。这样表示数组元素称为下标表示法。

② 指针表示法。对于二维数组 a，也可以这样理解：a 是一个数组名，包含 a[0],a[1],a[2]三个元素。a[0],a[1],a[2]也是数组名。a[i]（$0\leq i<3$）包含 a[i][0],a[i][1],a[i][2],a[i][3]四个元素。

也就是说，可以把二维数组名 a 理解为一个指针数组，它包含 a[0],a[1],a[2]三个元素，每个元素都是指针，分别指向对应的行。

a 是二维数组的首地址，是二级指针常量。同理，a+i 也是二级指针，是相对 a 纵向偏移 i 行（以行为单位）。a[i]（0≤i<3）是一维数组的首地址，即第 i 行的首地址，是一级指针。同理，a[i]+j（0≤j<4）也是一级指针，是相对 a[i]横向偏移 j 个元素（以元素为单位）。

所以，&a[i][j]也可以表示为*(a+i)+j 或 a[i]+j，相应的 a[i][j]也可以表示为*(*(a+i)+j)或*(a[i]+j)，这样表示数组元素称为指针表示法。

（2）二维数组元素的引用

引用二维数组元素，可以使用一级指针变量，也可以使用二级指针变量。

① 用一级指针变量引用二维数组元素。

C 语言把二维数组看做是若干个一维数组的组合，在内存中是按行连续存放的。例如，有 3 行 4 列 12 个元素的二维数组在内存的存放形式与有 12 个元素的一维数组在内存的存放形式是一样的。

一级指针变量就是指向数组元素的指针变量，要注意：一级指针变量的初始化，必须用一级指针赋值。例如：

```
int a[3][4]={{1,2,3,4},{4,5,6,7},{7,8,9,0}},*p;
p=*a;                    /* 或 p=a[0];或 p=&a[0][0]; */
```

指针变量 p 每次自增 1，就可以依次引用每一个元素。

② 用二级指针变量引用二维数组元素。

C 语言提供了一个专门的二级指针变量，用来指向二维数组，引用二维数组元素。其定义的一般形式为：

```
基类型标识符(*指针变量名)[常量表达式];
```

其中，“基类型标识符”是二维数组元素的数据类型；“常量表达式”是二维数组分解为多个一维数组时，一维数组的长度，也就是二维数组的列数。例如：

```
int (*p)[4];
```

定义了一个指针变量 p，它可以指向列数为 4 的二维数组，并可用来引用二维数组元素。例如：

```
int a[3][4],(*p)[4];
p=a;
```

二级指针变量 p 指向了二维数组 a。此时，p+1 等价于 a+1，即偏移是以行为单位的。因此，也称 p 为“指向二维数组的行指针变量”。

行指针变量是二级指针变量，因此行指针变量的初始化必须用二级指针为其赋值。例如：

```
p=a;p=a+1;p=&a[0];
```

都是正确的初始化。

二级指针变量需要经过两次“*”运算才能引用到二维数组元素。如引用数组元素 a[i][j]就是*(*(p+i)+j)。

5．函数与指针变量

一个函数总是占用一段连续的存储空间，编译的时候被分配了一个入口地址，这个入口地址就是函数的指针。C 语言规定，函数名代表函数的首地址。

（1）指向函数的指针变量的定义

例如：

```
float (*p)(float,int);
```

定义了一个指针变量 p，它可以指向一个返回值为 float 型的函数，该函数有两个形参，一个是 float 型，一个是 int 型。

（2）指向函数的指针变量的引用

指向函数的指针变量只能用函数名为其赋值，赋值后就可以在函数调用处用(*指针变量名)代替函数名，从而可以通过用不同的函数名给指向函数的指针变量赋值，实现对不同函数的调用。

例如有定义：

```
float (*p)(float,int);
```

假设某函数定义的首部为：float fun(float x,int y)，则 p=fun;使 p 指向函数 fun()，此时(*p)(3.5,2)等价于函数调用 fun(3.5,2)。

6. 存储空间的动态分配与释放

为了提高内存空间的利用率，C 语言提供了一些内存管理函数，用来动态地分配存储空间。存储空间的动态分配必须使用指针变量。

（1）malloc()函数

malloc()函数的功能是在内存动态地分配一个长度为 size 的连续空间，函数返回值是该区域的首地址。由于函数返回的指针是无类型的，所以用户必须根据存储空间的用途把函数调用返回的指针强制转换成相应的类型。

例如：

```
int *p;
p=(int *)malloc(10);
```

表示分配 10 个字节的空间，强制成整型指针，将首地址赋给 p，即可存储 5 个整型数，p 相当于指向了有 5 个元素的数组。

由于不同的系统各种数据类型所占字节数可能有差异，所以一般 size 都是用 sizeof 运算符来计算。例如，为一个 float 型变量动态分配存储单元，用指针变量 f 指向该变量：

```
float *f;
f=(float *)malloc(sizeof(float));
```

（2）free()函数

函数调用的一般形式如下：

```
free(指针变量名);
```

其功能是释放由 p 指向的内存区域。

注意： 用动态方式定义的变量（或数组）没有变量名，需要通过指向该存储区域的指针变量间接地访问。

9.2 例题分析

【例 9.1】下面程序的输出结果是______。

```
#include "stdio.h"
void main()
```

```
{  int a,*p;
   a=5;p=&a;
   printf("%d\n",++*p);
}
```

A. 4　　　　B. 5　　　　C. 6　　　　D. 7

解题知识点：指向变量的指针变量；运算符++和*的优先级与结合性。

解：答案为C。本题的解题要点是：运算符++和*的优先级相同，且都是右结合。由于p=&a，即p指向a，那么*p就是a，++*p即++a，所以其值为6。

【例9.2】下面程序的输出结果是______。

```
#include "stdio.h"
void swap(int *p1,int *p2)
{  int *r;
   if(*p1<*p2) { r=p1;p1=p2;p2=r; }
}
void main()
{  int a,b,*p,*q;
   a=5;b=7;p=&a;q=&b;
   swap(p,q);
   printf("max=%d,min=%d\n",*p,*q);
}
```

A. max=7,min=5　　　　B. max=7,min=7　　　　C. max=5,min=5　　　　D. max=5,min=7

解题知识点：指向变量的指针变量作函数的参数；变量作形式参数，函数之间的数据传递。

解：答案为D。本题的解题要点是：形参是函数的局部变量，函数调用结束即被释放。本题乍一看是通过swap()函数使p指向a、b中较大的数，q指向较小的数。实际执行过程如图9-1所示。

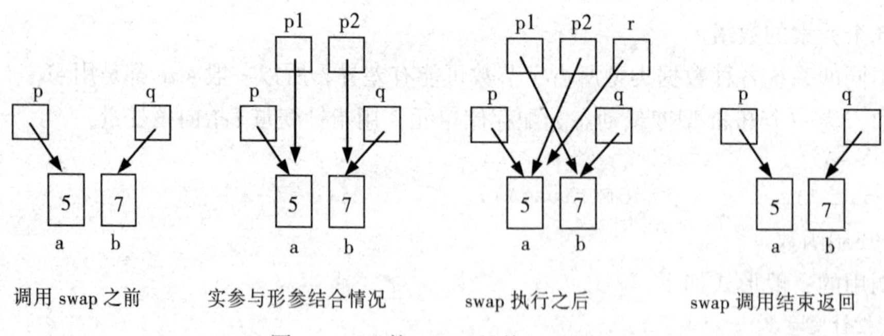

图9-1　函数swap()的执行过程

注意：p1和p2是swap()函数的局部变量，而通过r只是交换了它们的指向，函数返回时它们被释放，所以答案为选项D。可能出现的错误是：以为交换了a和b的内容，所以可能选择选项A。但若swap()函数改为：

```
void swap(int *p1,int *p2)
{  int  r;
   if(*p1<*p2)
     { r=*p1;*p1=*p2;*p2=r; }
}
```

则真的交换了 a 和 b 的内容，答案就为选项 A。

【例 9.3】若有以下说明：

```
int a[10]={1,2,3,4,5,6,7,8,9,10},*p=a;
```

则数值是 6 的表达式是______。

A. *p+6　　B. *(p+6)　　C. *p+=5　　D. p+5

解题知识点：用指向数组元素的指针变量来引用数组元素。

解：答案为 C。本题的解题要点是：对指针变量 p 做"*"运算是对所指单元的间接引用，而对 p 的加减运算，结果仍然是地址。由于 p=a;即 p=&a[0]，选项 A 中*p 就是 a[0]的值为 1，所以表达式*p+6 的值为 7；选项 B 中*(p+6)就是 a[6]的值为 7；选项 C 中*p+=5 是赋值表达式，相当于 a[0]=a[0]+5，所以值为 6；选项 D 中 p+5 是&a[5]，是地址值，不一定为 6。所以答案为选项 C。

【例 9.4】读下面程序：

```
#include "stdio.h"
void main()
{  int a[5]={1,3,5,7,9},*p;
   p=a;
   printf("%d,%d\n",*(p+2),*p++);
}
```

程序的运行结果是______。

A. 7,1　　B. 5,1　　C. 5,5　　D. 5,9

解题知识点：用指向数组元素的指针变量来引用数组元素；函数参数的结合性。

解：答案为 A。本题的解题要点是：在 Turbo C 中函数参数的求值顺序是从右至左。p=a;使 p 指向数组元素 a[0]；在 printf()函数中，先计算表达式*p++的值，*p++相当于*(p++)，先取 p 的当前值做"*"运算作为表达式*p++的结果，即*p 就是 a[0]，值为 1，然后 p++，使 p 指向 a[1]；再计算表达式*(p+2)的值，由于 p 已经指向 a[1]，那么 p+2 是相对于 a[1]移动两个元素，即 p+2 指向 a[3]，所以表达式*(p+2)就是 a[3]，值为 7。可能出现的错误是：函数参数的求值顺序错误，从而导致选择选项 B。

【例 9.5】读下面程序：

```
#include "stdio.h"
void main()
{  int  a[12]={1,2,3,4,5,6,7,8,9,10,11,12},*p,x,y=0;
   p=&a[1];
   for(x=0;x<8;x+=2)  y+=*(p+x);
   printf("%d\n",y);
}
```

程序的运行结果是______。

A. 36　　B. 35　　C. 20　　D. 30

解题知识点：指向变量的指针变量；循环语句。

解：答案为 C。本题的解题要点是：相对于指针变量的当前值引用数组元素。由于 p=&a[1]，而 for 循环的变量 x 分别取 0、2、4、6 时执行循环体，所以 p+x 是相对于&a[1]操作，*(p+x)分别是 a[1]、a[3]、a[5]、a[7]，所以 y=a[1]+a[3]+a[5]+a[7]=2+4+6+8=20。

【例 9.6】读下面程序：

```
#include "stdio.h"
void sort(int *x,int n)
{  int i,j;
   for(i=0;i<n-1;i++)
   for(j=i+1;j<n;j++)
     if(x[i]<x[j])
       {  int s;s=x[i];x[i]=x[j];x[j]=s; }
}
void main()
{  int i,a[10]={2,4,6,8,10,12,14,16,18,20};
   sort(&a[3],4);
   for(i=0;i<10;i++)  printf("%d,",a[i]);
   printf("\n");
}
```

程序的运行结果是______。

A. 2,4,6,8,10,12,14,16,18,20　　B. 2,4,6,14,12,10,8,16,18,20,

C. 20,18,16,14,12,10,8,6,4,2,　　D. 20,18,16,8,10,12,14,6,4,2

解题知识点：数组元素的地址作函数的参数；指针的下标表示法。

解：答案为 B。本题的解题要点是：清楚实参和形参的结合情况以及函数 sort()的功能。sort()函数的功能是对以指针变量 x 为首地址、长度为 n 的数组进行从大到小的排序。函数中的 x[i]是用下标表示法来引用数组元素，x[i]就是*(x+i)，即相对于首地址 x 的第 i 个元素。实参和形参的结合情况是&a[3]传递给形参指针变量 x，4 传递给 n。由于实参传递给形参的是地址，所以形参数组和实参数组共用同一片存储单元，即 x[0]～x[3]实际上就是 a[3]～a[6]，所以函数调用 sort(&a[3],4)实现了对数组 x[4]={8,10,12,14}从大到小的排序，也就是对 a[3]～a[6]进行从大到小排序。

【例 9.7】设有以下定义：

```
int a[4][3]={{1,2,3},{4,5,6},{7,8,9},{10,11,12}};
int *p=a[0],(*pt)[3]=a;
```

则不能正确表示数组元素 a[1][2]的表达式是______。

A. *(*(a+1)+2)　　B. *(*(pt+1)+2)　　C. *(*(p+1)+2)　　D. *(p+5)

解题知识点：指向数组元素的指针变量；指向一维数组的指针变量（即行指针）。

解：答案为 C。本题的解题要点是：二维数组在内存中是按行展开连续存放的；指向数组元素的指针变量 p 是一维级指针，p+1 指向下一个元素；行指针变量 pt 是二维级指针，pt+1 指向下一行。由定义可知，数组元素 a[1][2]的值为 6。选项 A、选项 B 是用二维级指针引用数组元素，a+1 或 pt+1 是相对 a 向下移动一行，*(a+1)或*(pt+1)是第 1 行首地址 a[1]，*(a+1)+2 或*(pt+1)+2 是相对 a[1]横向移动两个元素即第 1 行第 2 列元素的地址&a[1][2]，所以*(*(a+1)+2)或*(*(p+1)+2)就是 a[1][2]；选项 D 是用一维级指针引用数组元素，p+5 是相对 a[0]移动 5 个元素，即指向第 6 个元素 a[1][2]，所以*(p+5)就是 a[1][2]；而选项 C 中，由于 p+1 即&a[0][1]，*(p+1)即 a[0][1]，值为 2，*(p+1)+2 是数值 4，所以不能再做“*”运算，因此选项 C 是不正确的表达式。

【例 9.8】读下面程序：

```
#include "stdio.h"
void main()
{  char *p="hand-book";
   printf("%s\n",p+5);
   *(p+4)='\0';
   printf("%s\n",p);
}
```

程序运行后输出结果是______。

A. book
hand
B. book
hand0book
C. book
hand\0book
D. book
handbook

解题知识点：指向字符串的指针变量。

解：答案为 A。本题的解题要点是：指向字符串的指针变量存放的是字符串的首地址，字符串占用连续的存储单元，以'\0'作为结束标志。由于 p 是指向字符串的指针变量，它指向存放字符 'h' 的存储单元，那么，p+5 就指向存放字符 'b' 的存储单元，所以第一个 printf 语句输出以 p+5 为首地址的字符串"book"。*(p+4)即 p[4]，值为 '-'，将其赋值为'\0'，从而作为结束标志截断了字符串，所以答案为选项 A。

【例 9.9】读下面程序：

```
#include "stdio.h"
#include "string.h"
void main()
{  char  *p1="abc",*p2="ABC",str[30]="xyz";
   strcpy(str+2,strcat(p1,p2));
   printf("%s\n",str);
}
```

程序运行后输出结果是______。

A. xyzabcABC　　B. yzabcABC　　C. zabcABC　　D. xyabcABC

解题知识点：指向字符串的指针变量；有关字符串操作的函数。

解：答案为 D。p1、p2 是指向字符串的指针变量，str 是一个字符数组。函数 strcat(p1,p2)的作用是将 p2 指向的字符串连接到 p1 所指字符串的后面，函数 strcpy(str+2,strcat(p1,p2))的作用是将连接后的字符串复制到以 str+2 开始的内存空间中。

【例 9.10】下面程序运行后输出结果是______。

```
#include "stdio.h"
void main()
{  char  a[ ]="C program",b[ ]="C.language",*p1,*p2;
   p1=a;p2=b;
   while(*p1&&*p2)
      if(*p1++==*p2++)  printf("%c",*(p1-1));
}
```

A. C program　　B. C.language　　C. prorm　　D. Cga

解题知识点：指向字符串的指针变量。

解：答案为 D。p1、p2 是指向字符的指针变量，分别指向了 a、b 数组的第 1 个元素；表达式*p1 && *p2 的含义是*p1 不等于'\0'同时*p2 也不等于'\0'，即 p1 所指的字符串没有结束，同时 p2 所指的字符串也没有结束；表达式*p1++==*p2++是把 p1、p2 当前所指的字符相比较，然后各自指向下一个元素；如果所比较的字符相等，输出相等的那个字符，输出项为*(p1-1)是因为比较之后 p1 指针已经移动了。通过上面的分析可知，本题程序的功能是：将数组 a 和数组 b 相对应位置上的元素进行比较，若相等则输出。

【例 9.11】有如下程序段：

```
int a[12]={0},*p[3],**pp,i;
for(i=0;i<3;i++)  p[i]=&a[i*4];
pp=p;
```

则对数组 a 中的元素错误引用的是______。

A. pp[0][1]　　B. *(*(p+2)+2)　　C. p[3][1]　　D. a[10]

解题知识点：指针数组；指向指针的指针变量。

解：答案为 C。本题中，p 是指针数组，其元素是指向整型变量的指针变量；pp 是一个指向指针的指针变量。for 循环将数组 p 的 3 个元素分别赋值为 p[0]=&a[0]、p[1]=&a[4]、p[2]=&a[8]；pp 存放数组 p 的首地址，即 pp=&p[0]，如图 9-2 所示。

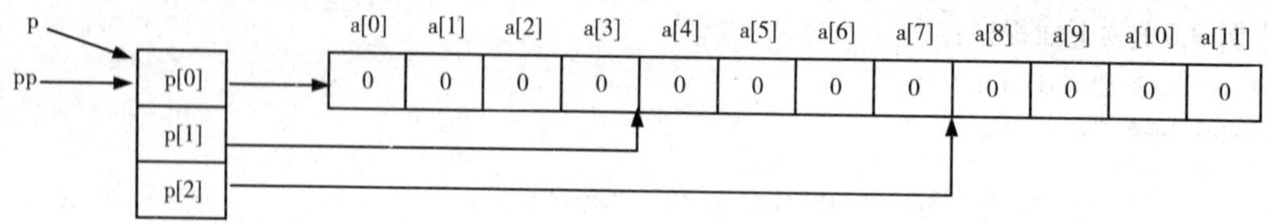

图 9-2　指针数组元素的指向情况

由图 9-2 可见，是将一维数组 a 看成是 3 行 4 列的二维数组 p。选项 A 中，pp[0][1]相当于 p[0][1]，即第 0 行第 1 列元素 a[1]，是正确的引用；选项 B 中，*(*(p+2)+2)即第 2 行第 2 列元素 a[10]，是正确的引用；选项 C 中，p[3][1]中行下标出界，所以是错误的引用。实际上本题引用数组 a 中元素的方法有 3 种：① 用 a 引用，写成 a[i]，$0\leqslant i<12$；② 用 p 引用，写成 p[i][j]或*(*(p+i)+j)，或写成*(p[i]+j)，$0\leqslant i<3$，$0\leqslant j<4$；③ 用 pp 引用，写成 pp[i][j]或*(*(pp+i)+j)，或写成*(pp[i]+j)，$0\leqslant i<3$，$0\leqslant j<4$。

通过以上分析可见：若指针数组的各元素存放二维数组的各行首地址，则该指针数组名相当于二维数组名；此时若用指向指针的指针变量指向指针数组，则该指向指针的指针变量相当于行指针。

【例 9.12】设有如下定义：

```
#include "stdio.h"
char *name[4]={"Basic","Pascal","Forthan","C++"};
```

要输出"Pascal"，以下正确的语句是______。

A. printf("%s\n",*name[1]);　　B. printf("%s\n",name[2]);

C. puts(*name[1]);　　D. puts(name[1]);

解题知识点：字符型指针数组；字符串的输出。

解：答案为 D。本题解题要点是：一是指针数组的元素是指针变量，即存放的是地址；二是数组下标从 0 开始；选项 A 显然不正确，因为输出格式串“%s”对应的输出项应该是字符串的首地址，而 name[1]是第一行的首地址，*name[1]是对第一行的首地址做指针运算，结果是字符'P'，不是地址。选项 B 也不正确，因为 name[2]是第二行的首地址，所以输出应该是"Forthan"。选项 C 也不正确，因为 puts()函数的参数应该是字符串的首地址，而*name[1]是字符'P'，不是地址。选项 D 是正确的，因为 name[1]是第一行的首地址，所以可以输出"Pascal"。

【例 9.13】读下面程序：

```
#include "stdio.h"
void main()
{  int  a[5]={2,4,6,8,10},*p,**q;
   p=a;q=&p;
   printf("%d,",*p++);
   printf("%d\n",**q);
}
```

程序运行后输出结果是______。

A. 2,4　　B. 2,2　　C. 4,6　　D. 6,4

解题知识点：指向变量的指针变量；指向指针的指针变量。

解：答案为 A。p 是指向变量的指针变量，p=a 即 p=&a[0]；第一个输出语句的输出项*p++先取 p 的当前值做“*”运算，结果为 2，作为输出项的值，然后 p++指向下一个元素即 p=&a[1]；由于 q=&p，所以第二个输出语句的输出项**q 是二次间接操作，*q 就是 p，**q 就是*p 即 a[1]，值为 4，如图 9-3 和图 9-4 所示。

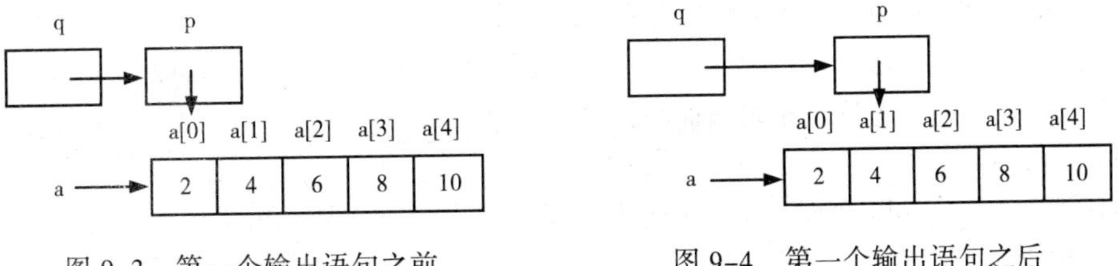

图 9-3　第一个输出语句之前　　图 9-4　第一个输出语句之后

【例 9.14】设有如下程序段：

```
int fun()
  { … }
int a[3][4]={0},*p,(*pr)[4],(*pf)(),*pa[3],**pp;
p=*a;pr=a;pf=fun;
pa[0]=a[0];pa[1]=a[1];pa[2]=a[2];
pp=pa;
```

则以下操作错误的是______。

A. ++p　　B. ++pr　　C. ++pf　　D. ++pp

解题知识点：指向变量的指针变量；指向一维数组的指针变量；指向函数的指针变量；指针数组；指向指针的指针变量。

解：答案为C。本题的解题要点是：各种指针的含义及其初始化和操作。选项A是正确的，因为p是指向整型变量的指针变量，而数组a的元素都是整型数据，p=*a相当于p=a[0]，也就是p=&a[0][0]，所以++p使p指向a[0][1]。选项B是正确的，因为pr是指向一维数组的指针变量，而数组a的每一行都是一维数组，pr=a使pr指向数组a的第0行，即pr指向a[0]，所以++pr是指向下一行，使pr指向a[1]。选项C是错误的，因为pf是指向函数的指针变量，只能用函数名为其赋值，pf=fun是使pf指向函数fun()，而++pf相当于pf=pf+1，pf+1不是函数名，所以不能为pf赋值；选项D是正确的，因为pp是指向指针的指针变量，而指针数组pa的每一个元素都是指向整型变量的指针变量，pp=pa使pp指向数组pa的第1个元素，即pp指向pa[0]，所以++pp是指向下一个元素，使pp指向pa[1]。

9.3 同步练习

一、选择题

1. 若已定义a为int型变量，则______是对指针变量p的正确说明和初始化。

   A. int *p=a;　　B. int *p=*a;　　C. int p=&a;　　D. int *p=&a;

2. 有如下程序段：

   ```
   int *p,a=10,b=1;
   p=&a;a=*p+b;
   ```

   执行该程序段后，a的值为______。

   A. 12　　B. 11　　C. 10　　D. 编译出错

3. 基类型相同的两个指针变量之间，不能进行的运算是______。

   A. <　　B. =　　C. +　　D. -

4. 若有定义语句int i,a[10],*p;则下列语句中合法的是______。

   A. p=a[5];　　B. p=a[2]+2;　　C. p=&(i+2);　　D. p=a+2;

5. 若有下列定义，则对a数组元素地址的正确引用是______。

   ```
   int a[5],*p=a;
   ```

   A. &a[5]　　B. p+2　　C. a++　　D. &a

6. 下面程序的输出是______。

   ```
   #include "stdio.h"
   void main( )
   {  int a[10]={1,2,3,4,5,6},*p;
      p=a;
      *(p+3)+=2;
      printf("%d,%d\n",*p,*(p+3));  }
   ```

   A. 0,5　　B. 1,5　　C. 0,6　　D. 1,6

7. 若有说明int a[10]={1,2,3,4,5,6,7,8,9,10},*p=a;，则数值为9的表达式是______。

   A. *p+9　　B. *(p+8)　　C. *p+=9　　D. p+8

8. 若有定义语句char a[5],*p=a;，下面选择中正确的赋值语句是______。

   A. p="abcd"　　B. *p="abcd";　　C. a="abcd";　　D. *a="abcd";

9. 执行以下程序段后的s值为______。

```
int a[]={5,3,7,2,1,5,4,10};int s=0,k;
for(k=0;k<8;k+=2) s+=*(a+k);
```

A. 17　　B. 27　　C. 13　　D. 无定值

10. 若有说明语句 int i,x[3][4];，则不能将 x[1][1]的值赋给变量 i 的语句是______。

A. i=*(*(x+1)+1);　　B. i=x[1][1];　　C. i=*(*(x+1));　　D. i=*(x[1]+1);

11. 若有说明语句 int a[2][3]={2,4,6,8,10,12};，则对数组元素地址的正确表示是______。

A. *(a+1)　　B. *(a[1]+2)　　C. a[1]+3　　D. a[0][0]

12. 若有说明 int (*p)[3];，则以下______是正确的叙述。

A. p 是一个指针数组

B. p 是一个指针变量，它只能指向一个包含 3 个 int 类型元素的数组

C. p 是一个指针变量，它可以指向一个一维数组的任一元素

D. (*p)[3]与*p[3]等价

13. 读下面程序：

```
#include "stdio.h"
f(char *s)
{  char *p=s;
   while(*p!='\0')  p++;
   return(p-s);
}
void main()
{  printf("%d\n",f("ABCDEF"));}
```

程序的输出结果是______。

A. 3　　B. 6　　C. 8　　D. 0

14. 读程序段：

```
char str[]="ABCD",*p=str;
printf("%d\n",*(p+4));
```

程序的输出结果是______。

A. 68　　B. 0　　C. 字符'D'的地址　　D. 不确定的值

15. 若有定义 int (* ptr)();，说明______。

A. ptr 是指向数组的一维变量

B. ptr 是指向 int 型数据的指针变量

C. ptr 是指向函数的指针变量，该函数返回一个 int 型数据

D. ptr 是一个函数名，该函数的返回值是指向 int 型数据的指针

16. 定义由 n 个指向整型数据的指针元素组成的指针数组 p 的正确方式为______。

A. int p;　　B. int (*p)[n];　　C. int *p[n]　　D. int (*p)();

17. 若要用下面的程序段使指针变量 p 指向一个存储整型变量的动态存储单元，请填空。

```
int *p;
p=________malloc(sizeof(int));
```

A. int　　B. int *　　C. (*int)　　D. (int *)

二、填空题

1. 在 C 程序中，可以通过 3 种运算为指针变量赋地址值，它们是＿（1）＿、＿（2）＿、＿（3）＿。

2. 在C程序中，可以通过3种运算来移动指针，它们是___(1)___、___(2)___、___(3)___。

3. 下面程序运行结果为________。

```
#include "stdio.h"
void main()
{  int i,*pa,a[ ]={5,4,3,2,1};
   pa=a;
   for(i=0;i<=4;i+=2)
     { printf("a[%d]=%d\t",i,*pa);pa+=2;}
}
```

4. 下面程序运行结果为________。

```
#include "stdio.h"
void main()
{ int oddadd(int *pt,int n);
  int a[10]={1,2,3,4,5,6,7,8,9,10},*p,total;
  p=&a[1];
  total=oddadd(p,10);
  printf("total=%d\n",total);
}
oddadd(int *pt,int n)
{  int i,sum=0;
   for(i=1;i<n;i+=2,pt+=2) sum=sum+*pt;
   return sum;
}
```

5. 下面程序运行结果为________。

```
#include "stdio.h"
void main()
{  int n=5; char num[ ]="12345",*p;
   p=num;
   sort(p,5);
   puts(num);
}
 sort(char *p1,int m)
 { char t,*p2;
   for(p2=p1+m-1;p1<p2;p1++,p2--)
     { t=*p1;*p1=*p2;*p2=t; }
 }
```

6. 用指针作函数参数，编写程序求一维数组中的最大和最小元素值。

```
#include "stdio.h"
#define N 10
void main()
{  void maxmin(___(1)___,int *pt1,int *pt2,int n);
   int array[N]={10,7,19,29,4,0,7,35,-16,21},*p1,*p2,a,b;
   p1=&a;___(2)___;
   maxmin(array,p1,p2,___(3)___);
   printf("max=%d,min=%d",a,b);
}
void maxmin(int arr[],int *pt1,int *pt2,int n)
{  int i;
   *pt1=*pt2=arr[0];
```

```
    for(i=1;i<n;i++)
    { if(arr[i]>*pt1) *pt1=arr[i];
      if(arr[i]<*pt2) ___(4)___;
    }
}
```

7. 下面程序的功能是将字符串 s 中的所有空格字符删除。

```
#include "stdio.h"
void main()
{  int i,j;char *s="Our teacher teach C language";
   for(i=j=0;s[i]!='\0';i++)
     if(s[i]!=' ') ___(1)___;
   ___(2)___;
   printf("%s\n",s);
}
```

8. 设有以下语句：

```
static int a[3][2]={1,2,3,4,5,6};
int (*p)[2];
p=a;
```

则*(a+2)+1 是元素___(1)___的地址，*(*(a+2)+1)的值为___(2)___，*(*(p+1)+1)的值为___(3)___，*(p+2)是元素___(4)___的地址。

9. 以下函数的功能为：把 b 字符串连接到 a 字符串的后面，并返回 a 中新字符串的长度，请填空。

```
strlen(char a[],char b[])
{  int  num=0,n=0;
   while(*(a+num)!=___(1)___)  num++;
   while(b[n])
   {*(a+num)=b[n];num++;___(2)___;}
   return(num);
}
```

10. 下面程序的输出结果为________。

```
#include "stdio.h"
s(char *p,char *q,int m)
{ int n=0;
  while(n<m-1) { n++;p++; }
  while(*p!='\0') { *q=*p;p++;q++; }
  *q='\0';
}
void main()
{ char string1[ ]={"ABCDEFGHIJ"},string2[10];
  s(string1,string2,8);
  printf("%s\n",string2);
}
```

11. 下面程序的输出结果为________。

```
#include "stdio.h"
void main()
{  char *alp[]={"ABC","DEF","GHI"};
   int i;
   for(i=0;i<3;i++) printf("%s",alp[i]);
}
```

12. 利用指针将一个 3×3 矩阵转置。

```
#include "stdio.h"
void move(___(1)___)
{ int i,j,t;
  for(i=0;i<3;i++)
    for(j=i;j<3;j++)
     { t=*(pointer+3*i+j);___(2)___;*(pointer+3*j+i)=t;}
}
void main()
{ int a[3][3]={1,2,3,4,5,6,7,8,9},*p,i;
  for(i=0;i<3;i++)
    printf("%3d%3d&3d\n",a[i][0],a[i][1],a[i][2]);
  ___(3)___;
  move(p);
  for(i=0;i<3;i++)
    printf("%3d%3d&3d\n",a[i][0],a[i][1],a[i][2]);
}
```

13. 计算两个数的最大值、最小值和它们的和。

```
#include "stdio.h"
int process(int x,int y,___(1)___)
{  return ((*fun)(x,y)); }
int max(int x,int y)
{  return(___(2)___); }
int min(int x,int y)
{ return (x<y? x:y); }
int add(int x,int y)
{ return (___(3)___); }
void main()
{ int a,b;
   scanf("%d,%d",___(4)___);
   printf("max=%d\n",process(a,b,max));
   printf("min=%d\n",process(a,b,min));
   printf("sum=%d\n",process(a,b,add));
}
```

14. 下面的程序求两个数中较大者。

```
#include "stdio.h"
int max(int x,int y)
{ int z;
  if(x>y)  z=x;else  z=y;
  ___(1)___;
}
void main()
{  int a,b,c;
   ___(2)___;
   printf("a,b=");scanf("%d%d",&a,&b);
   ___(3)___;
   c=(*p)(a,b);
   printf("a=%d,b=%d,max=%d\n",a,b,c);
}
```

15. 求 3 个学生 4 门课程的总平均分，并输出第 2 个学生的各科成绩。

```
#include "stdio.h"
void average( __(1)__ ,int n)
{ int i;float sum=0;
  for(i=0; i<n;i++,p++) __(2)__ ;
  printf("Average score: %.2f\n",sum/n);
}
void search( __(3)__ ,int n)
{ int i;
  printf("The score of No. %d are:\n",n);
  for(i=0;i<4;i++)
    printf("%-8.2f", __(4)__ );
  printf("\n");
}
void main()
{ float score[3][4]={{65,67,70,60},{80,87,90,81},{91,99,96,98}};
  average(*score,12);
  search(score,2);
}
```

16. 下面的程序用 3 种方法输出字符串。

```
#include "stdio.h"
void main ()
{ int i; char string[]="I love china!";
  printf(" __(1)__ \n",string);
  printf("----------------------------\n");
  __(2)__ ;
  while(string[i]) { printf("%c",string[i]); __(3)__ ; }
  printf("\n");
  printf("----------------------------\n")
  __(4)__ ;
}
```

17. 下面的程序实现字符串的复制。

```
#include "stdio.h"
void copystring( __(1)__ )
{ for( ;*from;from++,to++)  *to=*from;
   __(2)__ ;
}
void main()
{ char *a="I am a teacher.",*b="you are a student.";
  printf(%s\n%s\n",a,b);
  __(3)__ ;
  printf(%s\n%s\n",a,b);
}
```

18. 写出下面程序运行之后各变量的值。

```
#include "stdio.h"
swap1(int a,int b)
{  int t;t=a;a=b;b=t;  }
swap2(int *pa,*pb )
{  int *p;
```

```
    p=pa;pa=pb;pb=p;
  }
  swap3(int *p1,int *p2)
  {  int p;p=*p1;*p1=*p2;*p2=p; }
  void main()
  {  int x,y,*ptr1,*ptr2;
     x=3;y=5;ptr1=&x;ptr2=&y;
     swap1(*ptr1,*ptr2);
     printf("num1=%d,num2=%d\n",*ptr1,*ptr2);
     swap2(ptr1,ptr2);
     printf("num3=%d,num4=%d,num5=%d,num6=%d\n",x,y,*ptr1,*ptr2);
     swap3(ptr1,ptr2);
     printf("num7=%d,num8=%d,num9=%d,num10=%d\n",x,y,*ptr1,*ptr2);
  }
```

num1= __(1)__ ,num2= __(2)__

num3= __(3)__ ,num4= __(4)__ ,num5= __(5)__ ,num6= __(6)__

num7= __(7)__ ,num8= __(8)__ ,num9= __(9)__ ,num10= __(10)__

19. 若要使指针 p 指向一个 double 类型的动态存储单元，请填空。

    p=________ malloc(sizeof(double));

三、编程题

1. 编写函数找出一维数组中的最大元素及其下标，在主函数中输入/输出。要求不得使用全局变量。
2. 编写函数用指针变量实现：将一维数组中最小元素与第一个元素互换，最大元素与最后一个元素互换。
3. 用选择排序法将若干个数从大到小排序。要求用指针变量实现。
4. 使用指针编写程序，比较两个字符串的大小（不能使用字符串处理函数）。
5. 删除字符串内部的“*”号。例如，**a*bc**def**，删除后为**abcdef**。
6. 输入一个字符串，将其中的数字字符组成一个新字符串。要求用指针变量实现。
7. 写一个函数，输入一行英文语句，将此字符串中最长的单词输出。
8. 求给定一组数据中的最大值、最小值和平均值。要求用指向函数的指针变量实现。

四、趣味编程题

1. 假定输入的字符串中只包含字母和*号。编写函数，删除首部和尾部的*号。
2. 编写一个函数，统计一个字符串（子串）在另一个字符串（主串）中出现的次数。

9.4 参考答案

一、选择题

1. D	2. B	3. C	4. D	5. B
6. D	7. B	8. A	9. A	10. C
11. A	12. B	13. B	14. B	15. C
16. C	17. D			

二、填空题

1. （1）&　　（2）=　　（3）malloc()函数
2. （1）指针变量+=整数　　（2）指针变量-=整数　　（3）为指针变量赋地址值
3. a[0]=5　a[2]=3　a[4]=1
4. total=30
5. 54321
6. （1）int arr[]　　（2）p2=&b　　（3）N　　（4）*pt2=arr[i]
7. （1）s[j++]=s[i]　　（2）s[j]='\0'
8. （1）a[2][1]　　（2）6　　（3）4　　（4）a[2][0]
9. （1）'\0'　　（2）n++
10. HIJ
11. ABCDEFGHI
12. （1）int *pointer　　（2）*(pointer+3*i+j)=*(pointer+3*j+i)　　（3）p=a[0]或 p=&a[0][0]
13. （1）int(*fun)()　　（2）x>y?x:y　　（3）x+y　　（4）&a,&b
14. （1）return(z)　　（2）int (*p)()　　（3）p=max
15. （1）float *p　　（2）sum+=*p　　（3）float(*p)[4]　　（4）*(*(p+n)+i)
16. （1）%s　　（2）i=0　　（3）i++或++i　　（4）puts(string)
17. （1）char *from,char *to　　（2）*to=*from　　（3）copystring(a,b)
18. （1）3　　（2）5　　（3）3　　（4）5　　（5）3
    （6）5　　（7）5　　（8）3　　（9）5　　（10）3
19. (double *)

三、编程题

1. 函数 fun()：形参变量是 int 型指针变量 a（与主函数的数组 a 同名）；数组 a 的长度为 n；int 型指针变量 max 指向最大元素；int 型指针变量 j 指向最大元素下标。最大元素及其下标存储单元的地址由主函数传递，查找结果直接存入主函数的存储单元，所以不需要返回值，函数为 void 类型。算法设计：

   （1）初始化：最大元素*max=a[0]，最大元素下标*j=0。

   （2）循环变量 i 从 1 到 n-1，循环比较数组元素：如果 a[i]>*max，则*max=a[i]；*j=i。

   主函数 main()算法设计：

   （1）输入数组 a 各元素。

   （2）用最大元素 max 及其下标变量 j 的地址作实参，调用函数找出最大元素及其下标。

   （3）输出最大元素及其下标。

   程序设计：

```
#include "stdio.h"
#define N 6
void fun(int *a,int n,int *max,int *j)
{ int i;
  *max=*a;*j=0;                               /* 初始化 */
```

```
    for(i=1;i<n;i++)                          /* 找最大元素及其下标 */
      if(*(a+i)>*max) { *max=*(a+i);*j=i; }
  }
  void main()
  { int a[N],i,max,j;
    printf("Enter data:");                    /* 输入数据 */
    for(i=0;i<N;i++)
      scanf("%d",&a[i]);
    fun(a,N,&max,&j);                         /* 调用函数 */
    printf("max=%d,j=%d\n",max,j);            /* 输出最大元素及其下标 */
  }
```

程序测试：

```
Enter data: 6 7 5 8 9 3↙
max=9,j=4
```

2. 函数 fun()：形参变量是 int 型指针变量 a（与主函数的数组 a 同名）；数组 a 的长度为 n。由于操作结果直接存入数组，所以不需要返回值，函数为 void 类型。算法设计：

（1）初始化：指向最大元素的指针变量 max、指向最小元素的指针变量 min 均指向 a[0]。

（2）循环变量 i 从 1 到 n–1，循环比较数组元素。

① 如果*(a+i)>*max，则 max=a+i。

② 如果*(a+i)<*min，则 min=a+i。

（3）*min 与 a[0]互换；*max 与 a[n–1]互换。

主函数 main()算法设计：

（1）输入数组 a 各元素。

（2）调用函数。

（3）输出函数调用后的数组 a。

程序设计：

```
#include "stdio.h"
#define N 6
int fun(int *a,int n)
{ int i,*max,*min;
  max=min=a;                          /* 初始化 */
  for(i=1;i<n;i++)                    /* 找最大元素和最小元素 */
  { if(*(a+i)>*max) max=a+i;
    if(*(a+i)<*min) min=a+i;
  }
  { int s;                            /* 互换 */
    s=*(a+0);*(a+0)=*min;*min=s;
    s=*(a+n-1);*(a+n-1)=*max;*max=s;
  }
}
void main()
{ int a[N],i,j,s;
  printf("Enter data:");              /* 输入原始数组 */
  for(i=0;i<N;i++)
    scanf("%d",&a[i]);
```

```
  fun(a,N);                              /* 调用函数 */
  for(i=0;i<N;i++)                       /* 输出互换后的数组 */
    printf("%3d",a[i]);
  printf("\n");
}
```

程序测试：

```
Enter data: 6 7 9 8 3 5↙
  3  7  5  8  6  9
```

3. 函数 Sort()：形参变量是 int 型指针变量 x 指向主函数的数组 a；数组 a 的长度为 n。由于排序直接在数组 a 中进行，所以不需要返回值，函数为 void 类型。

算法设计：循环变量 i 从 0 到 n–2，循环做 n–1 趟排序。

（1）本趟最大元素下标 p 初始化：p=i。

（2）循环变量 j 从 i+1 到 n–1，循环比较数组元素：如果*(x+j)>*(x+p)，则 p=j。

（3）本趟最大元素 x[p]与 x[i]互换。

主函数 main()算法设计：

（1）输入数组 a 各元素。

（2）调用函数。

（3）输出排序后的数组 a。

程序设计：

```
#include "stdio.h"
#define N 6
void Sort(int *x,int n)
{ int i,j,s,p;
  for(i=0;i<n-1;i++)
  {  for(p=i,j=i+1;j<n;j++)
       if(*(x+j)>*(x+p)) p=j;
       if(p!=i){ s=*(x+i);*(x+i)=*(x+p);*(x+p)=s;}
  }
}
void main()
{ int i,a[N]={6,3,8,5,2,4};
  printf("before sort: ");
  for(i=0;i<N;i++) printf("%3d",a[i]);
  printf("\n");
  SelectSort(a,N);
  printf("after sort: ");
  for(i=0;i<N;i++) printf("%3d",a[i]);
  printf("\n");
}
```

程序测试：

```
before sort:  6  3  8  5  2  4
after sort:  8  6  5  4  3  2
```

4. 函数 compare()：形参变量是 char 型指针变量 s1、s2，指向两个字符串。由于字符串比较规则是：两个字符串对应字符比较，以第一对不相同字符的 ASCII 码值的大小作为比较结果。

若对应字符均相同，则两个字符串相等，返回 0；否则返回第一对不相等字符的 ASCII 码值之差，所以函数返回值为 int 型。算法设计：

（1）当 s1 串和 s2 串都未结束时循环做：如果*s1 不等于*s2，则中断循环，否则 s1 和 s2 的指向下移。

（2）返回*s1-*s2。

主函数 main()算法设计：

（1）输入原始字符串 s1，s2。

（2）如果函数返回值>0，则输出“s1>s2”，否则如果函数返回值等于 0，则输出“s1=s2”，否则输出“s1<s2”。

程序设计：

```
#include "stdio.h"
int compare(char *s1,char *s2)
{  while(*s1 && *s2)
      if(*s1!=*s2) break;else { s1++;s2++; }
   return *s1-*s2;
}
void main()
{  char s1[60],s2[60];
   int a;
   printf("Enter two strings:\n");
   gets(s1);gets(s2);
   a=compare(s1,s2);
   if(a>0) printf("s1>s2\n");
   else if(a==0) printf("s1=s2\n");
        else printf("s1<s2\n");
}
```

程序测试 1：

```
Enter two strings:
than↙
the↙
s1<s2
```

程序测试 2：

```
Enter two strings:
the↙
that↙
s1>s2
```

程序测试 3：

```
Enter two strings:
that↙
that↙
s1=s2
```

5. 函数 fun()：形参变量是 char 型指针变量 str，指向字符串。由于操作结果直接存入原字符串空间，所以不需要返回值，函数为 void 类型。算法设计：

（1）指针变量 p 指向第 1 个非“*”字符、指针变量 q 指向最后一个非“*”字符。

（2）生成字符串指针变量 r 初始化：r=p；当 p≤q 时循环做（删除内部“*”号）：如果*p!='*'，则*r=*p，r++，p++；否则 p++。

（3）将尾部“*”号连入生成串。

（4）生成串末尾加'\0'：*r='\0'。

主函数 main()算法设计：

（1）输入字符串。

（2）调用函数。

（3）输出函数调用后的字符串。

程序设计：

```
#include "stdio.h"
void fun(char *str)
{ char *p,*q,*r;
  p=q=str;
  while(*p=='*')p++;                      /* p 指向第 1 个非*字符 */
  while(*q)q++;q--;while(*q=='*') q--;    /* q 指向最后一个非*字符 */
  r=p;                                    /* 生成串指针变量 r 初始化 */
  while(p<=q)                             /* 删除内部*号 */
     if(*p!='*') *r++=*p++;else p++;
  q++; while(*q) *r++=*q++;               /* 将尾部*号连入生成串 */
  *r='\0';                                /* 生成串末尾加'\0' */
}
void main()
{ char str[80];
  printf("Enter a string with '*':\n");
  gets(str);
  fun(str);
  puts(str);
}
Enter a string with '*':
**a*bc**def**↙
**abcdef**
```

6. 函数 fun()：形参变量是 char 型指针变量，s1 指向原始字符串、s2 指向生成字符串。由于操作结果直接存入 s2 所指字符串中，所以不需要返回值，函数为 void 类型。算法设计：

（1）当原始串 s1 未结束时循环做：如果*s1 是数字字符，则*s2=*s1，s2++，s1++；否则 s1++。

（2）生成串 s2 末尾加'\0'：*s2='\0'。

主函数 main()算法设计：

（1）输入原始字符串 s1。

（2）调用函数。

（3）输出生成的字符串 s2。

程序设计：

```
#include "stdio.h"
void fun(char *s1,char *s2)
{  while(*s1)
     if(*s1>='0'&&*s1<='9') *s2++=*s1++;else s1++;
```

```
    *s2='\0';
  }
void main()
{ char s1[80],s2[80];
  printf("Enter a string: ");
  gets(s1);
  fun(s1,s2);
  puts(s2);
}
```

程序测试:

```
Enter a string: a1b2cd34e5f↙
12345
```

7. 函数 fun():形参变量是 char 型指针变量,s1 指向输入字符串,s2 指向输出字符串。由于操作结果直接存入 s2 所指字符串中,所以不需要返回值,函数为 void 类型。定义指针变量 p 指向当前单词的首位置,用 s1 移动到当前单词的尾处,将*s1 赋值为'\0'即可,len 统计当前单词的字符个数,maxlen 是当前最长单词的字符个数。算法设计:

(1)初始化 maxlen=0。

(2)若输入字符串 s1 未结束,循环做:

① 初始化,当前单词的首位置 p=s1;当前单词长度 len=0。

② 若输入串的当前字符(*s1)是字母,循环做:单词长度加 1,s1 指针后移。

③ 如果当前单词的长度 len 大于当前最长的单词长度 maxlen,则 maxlen=len,并将当前单词复制到输出串 s2 中。

④ s1++指向下一个单词。

```
#include "stdio.h"
#include "ctype.h"
void fun(char *s1,char *s2)
{ int len,maxlen;char *p;
   maxlen=0;
   while(*s1)
    {  p=s1;len=0;
       while(isalpha(*s1))
        {  len++;s1++;  }       /* 记录当前单词的首位置,统计当前单词的长度 */
       *s1='\0';                /* 设置单词结束标志 */
       if(len>maxlen)
       {  maxlen=len;
          strcpy(s2,p);         /* 将当前最长的单词复制到输出串 s2 中 */
       }
       s1++;
    }
}
void main()
{ char s1[80],s2[80];
   printf("Enter a sentence: ");
   gets(s1);
   fun(s1,s2);
   puts(s2);
```

```
}
```

程序测试：

```
Enter a sentence: This is a pen. ↙
This
```

再运行一次：

```
Enter a sentence: This is a pencil. ↙
pencil
```

8. 编写求数组最大值函数 maxvalue()、最小值函数 minvalue()和平均值函数 average()。这 3 个函数具有相同的形参和相同的返回值类型。

函数 output()：形参除了上面 3 个函数的形参（int *x,int n）外，还有一个指向上述函数的指针变量（float (*p)(float *x,int n)）。此函数通过指向函数的指针变量 p 调用函数并输出函数值。

主函数 main()：输入数据，分别用各函数名作实参，调用函数 output()。

```
#include "stdio.h"
#define N  6
float maxvalue(float *x,int n)              /* 求数组最大值函数 */
{ int i;float max;
  max=x[0];
  for(i=1;i<n;i++)
    if(x[i]>max)max=x[i];
  return max;
}
float minvalue(float *x,int n)              /* 求数组最小值函数 */
{ int i;float min;
  min=x[0];
  for(i=1;i<n;i++)
    if(x[i]<min)min=x[i];
  return min;
}
 float average(float *x,int n)              /* 求数组平均值函数 */
{ int i;float ave=0;
  for(i=0;i<n;i++)
    ave+=x[i];
  return ave/n;
}
void output(int *x,int n,float (*p)(float *x,int n))
/* 输出函数调用结果的函数 */
{ printf("%.1f\n",(*p)(x,n)); }
void main()                                 /* 主函数 */
{ float a[N];int i;
  printf("enter data: ");                   /* 输入数组 */
  for(i=0;i<N;i++)
    scanf("%f",&a[i]);
  printf("max=");output(a,N,maxvalue);     /* 输出最大值 */
  printf("min=");output(a,N,minvalue);     /* 输出最小值 */
  printf("ave=");output(a,N,average);      /* 输出平均值 */
}
```

程序测试：

```
enter data: 1 2 3 4 5 6↙
max=6.0
min=1.0
ave=3.5
```

四、趣味编程题

1. 方法1：生成串与原串首地址相同。

```
#include "stdio.h"
void fun(char *p)
  {  char *q;
     q=p;
     while(*q)q++; q--;
     while(*q=='*')q--;      /* 删除尾部*号 */
     *(q+1)='\0';
     q=p;
     while(*q=='*')q++;  /* 越过首部*号 */
     while(*q)
     *p++=*q++;            /* 从第一个非*号字符开始依次前移 */
     *p='\0';
  }
void  main()
 { char str[80];
   gets(str);
   fun(str);
   puts(str);
 }
```

方法2：用返回指针值的函数实现。

```
#include "stdio.h"
char *fun(char *p)
 {  char *q;
    while(*p=='*')p++;    /* p指向第一个非*号字符 */
    q=p;
    while(*q)q++; q--;
    while(*q=='*')q--;      /* 删除尾部*号 */
    *(q+1)='\0';
    return p;          /* 返回第一个非*号字符的地址 */
 }
void main()
 { char str[80],*p;
   gets(str);
   p=fun(str);
   puts(p);
 }
```

2.

```
#include "stdio.h"
void fun(char *p,char *q,int *n)
 {  char *pp,*qq;
    *n=0;
    while(*p)       /* p依次指向主串的每一个字符 */
```

```
  { pp=p; qq=q;        /* pp从主串的当前位置开始与qq指向的子串逐个字符比较 */
    while(*pp && *qq)     /* 主串和子串都未结束 */
      if(*pp==*qq)
         { pp++;qq++; }
      else break;
    if(!*qq) (*n)++;      /* qq指向'\0'即是一个子串 */
    p++;
   }
 }
void main()
{ char str[80],substr[80];
  int n;
  printf("Enter a string:\n");
  gets(str);
  printf("Enter a substring:\n");
  gets(substr);
  fun(str,substr,&n);
  printf("n=%d\n",n);
}
```

第 10 章　结构体与共用体

10.1　要点、难点阐述

1. 结构体类型

把几个类型不同（或相同）的数据项组合成一个组合项，这个组合项的数据类型称为结构体类型。

（1）结构体类型的定义

由于把哪些数据组合成一个组合项是根据具体问题决定的，系统无法给出具体的结构体类型，所以结构体类型需要用户自己定义。例如，定义一个学生成绩表的结构体类型：

```
struct student
{ int num;
  char name[10];
  int score;
};
```

结构体类型定义之后，struct student 共同构成结构体类型名。

注意：一个结构体类型的数据占用内存的字节数为各成员所占内存的字节数之和。

（2）结构体类型变量的定义

定义结构体类型变量有两种方法：

① 用已经定义的类型名定义变量，和其他类型的变量定义一样。例如：

```
struct student s1,s2;
```

② 在定义类型的同时定义变量。例如：

```
struct student
{ int num;
  char name[10];
  int score;
}s1,s2;
```

（3）结构体类型变量的引用

引用结构体变量就是引用结构体变量的成员。结构体成员表示方式为：

结构体变量名.成员名

例如 s1.num、s1.name、s1.score 等。

注意：若结构体成员的类型是另一个结构体类型，则引用时必须用成员运算符引用到最低一级成员。

（4）结构体数组和指向结构体变量的指针变量

① 定义和引用结构体数组与定义和引用其他数组相似，不同点是引用结构体数组元素必须引用到成员。若有定义：

```
struct student s[3];            /* 定义结构体数组 s */
```

则引用结构体数组元素为 s[0].num、s[1].name、s[2].score 等。

② 定义指向结构体变量的指针变量与定义指向其他类型变量的指针变量一样，只是引用有所不同。若有定义：

```
/* 定义结构体数组 s、结构体变量 s1 和指向结构体变量的指针变量 p */
struct student s[3],s1,*p;
p=&s1;
```

则引用 s1 的成员有 3 种形式：s1.num、(*p).num 或 p->num，后一种方式最常用。

若有 p=s;，即 p 指向一维结构体数组，与指向其他数组一样，则 p+1 指向下一个元素。

（5）位段结构体

用一个二进制位或几个二进制位来存储一个数据，称为“位段”。位段是由一个或多个二进制位组成的，它是数据的一种压缩存储形式。位段的存储采用结构体类型，这种结构体类型称为“位段结构体”。

在一个结构体类型中，以位为单位来指定其成员所占内存的长度，这样的成员称为“位段”。位段的类型只能是 unsigned int 类型或 int 类型。

注意：给每个位段变量赋值时，不要超出位段的取值范围。

（6）用指针处理链表

链表是动态分配存储空间的一种数据结构。最简单、最常用的是单链表。一个单链表有 3 个要素：

① 有一个头指针 head，它存放地址，若链表不为空，则指向第一个结点。

② 有零个或多个结点，每个结点都包含两部分：数据域（存放用户的实际数据）和指针域（存放下一个结点的地址）。

③ 最后一个结点的指针域存放空指针，表示链表结束。

数组是静态分配存储空间，是用元素的下标表示数据之间的邻接关系；链表则是动态分配存储空间，用结点中附加的指向下一个结点的指针来表示结点之间的邻接关系。

由于数组在内存中必须占用连续的存储空间，若在数组中插入或删除一个元素，必须移动一些元素；而链表中各结点的存储空间可以连续，也可以不连续，在链表中插入或删除结点，只要修改相关结点的指针分量即可。

2．共用体类型

若把几个不同（或相同）类型的变量看成一个整体，且这些变量从同一个地址开始存放，即采用覆盖技术存储，这样的数据类型称为“共用体”类型。

注意：一个共用体类型的变量占用内存的字节数与各成员中所占内存的字节数最多的成员相同。

3. 枚举类型

若一个变量只有几种可能的取值，可以定义为枚举类型，把可能的取值都列举出来。

枚举类型的定义形式为：

```
enum 枚举名{枚举常量表};
```

定义结束后，“enum 枚举名”就是一个枚举类型名。例如：

```
enum color{red,yellow,blue,white,black};
```

注意：枚举常量在定义时，系统按它们的顺序依次使它们的值为 0，1，2…若想改变它们的顺序值，必须在定义时进行。例如：

```
enum color{red=5,yellow=1,blue,white,black};
```

4. 用 typedef 定义类型

用 typedef 可以为一个已经存在的类型起一个新名字。一般形式为：

```
typedef  类型名(或类型) 新类型名;
```

例如：

```
typedef int COUNT;
```

给 int 起的新名字为 COUNT。

例如：

```
typedef struct
{  int num;
   char name[20];
   int score;
}STU;
```

给无名结构体类型起的名字为 STU。

例如：

```
typedef int ARR[20];
```

声明 ARR 是长度为 20 的整型数组类型名，如 ARR n;相当于 int n[20];。

例如：

```
typedef char *STR;
```

声明 STR 是字符指针类型名，如 STR p;相当于 char *p;。

10.2 例题分析

【例 10.1】设有以下定义语句：

```
struct ex
{  char c;
   int i;
   float f;
}example;
```

则下面的叙述正确的是_______。

A. example 是结构体类型名　　B. struct ex 是结构体类型名

C. ex 是结构体类型名　　D. struct 是结构体类型名

解题知识点：结构体类型的概念。

解：答案为 B。本题的解题要点是：结构体类型定义的语法中，“struct 结构体名”是结构体类型名，作为类型名 struct 和结构体名缺一不可；结构体类型的成员可以是任何一种已经存在的数据类型；在定义类型的同时可以在大括号外定义变量；结构体类型定义最后的分号不可少。本题中，struct 是结构体类型的关键字；ex 是结构体名；struct ex 是结构体类型名；example 是 struct ex 类型的变量名。

【例 10.2】设有以下定义语句：

```
struct exam
{ char  num[4];
  int  s[2];
  float  x;
}a;
```

则变量 a 在内存中所占字节数是______。

A. 3　　B. 11　　C. 14　　D. 16

解题知识点：结构体类型的概念。

解：答案为 D。本题的解题要点是：结构体类型变量所占存储空间的字节数为结构中各成员所占存储空间的字节数之和。根据题中定义，a.num 是字符型数组，有 4 个元素，各占 1 个字节；a.s 是整型数组，有 2 个元素，各占 4 个字节，a.x 是单精度浮点型变量，占 4 个字节，所以变量 a 所占存储空间为 4+8+4=16 个字节。

【例 10.3】设有以下定义语句：

```
struct student
{ int  num;
  char  name[6];
  float  x;
}a;
```

则下列语句正确的是______。

A. scanf("%d,%s,%f",num,name,x);

B. scanf("%d,%s,%f",a.num,a.name,a.x);

C. scanf("%d,%s,%f",&a.num,&a.name,&a.x);

D. scanf("%d,%s,%f",&a.num,a.name,&a.x);

解题知识点：结构体类型变量的引用。

解：答案为 D。本题的解题要点是：不能为结构体变量整体赋值，只能为结构体变量的各成员分别赋值，成员的引用方式为“结构体变量名.成员名”。引用结构体变量的成员与引用和成员变量类型相同的其他变量是一样的。本题中结构体变量 a 有 3 个分量，分别为整型变量 a.num、字符型数组 a.name 和单精度浮点型变量 a.x，所以对应着输入格式控制串"%d,%s,%f"的地址表列应为“&a.num,a.name,&a.x”。可能出现的错误是：把地址表列中 a.name 写成&a.name，从而选择选项 C。由于%s 要求其输出项是字符串的首地址，而 a.name 是数组名就是数组的首地址，所以不能再加&。

【例 10.4】设有以下定义语句：

```
struct stru
{  char  ch;
   int  in[3];
   float  fl;
};
struct stru x[2]={'A',{1,3,5},5.8,'B',{2,4,6},7.9},*p=x;
```

则下列对结构体变量 x 的成员的不正确引用是______。

A. x[0].in　　B. (*p).fl　　C. ++p->in[1]　　D. *p->in

解题知识点：结构体类型变量的引用；指向结构体变量的指针变量。

解：答案为 A。本题的解题要点是，若指针变量指向了结构体变量，则引用结构体变量的成员有 3 种方式：① 结构体变量名.成员名；② (*指针变量名).成员名；③ 指针变量名->成员名。选项 A 是错误的，因为 x[0]是结构体变量名，in 是成员数组名，所以 x[0].in 是数组名，是成员地址，成员正确的引用应该是 x[i].in[j]（$0 \leqslant i < 2$，$0 \leqslant j < 3$）；选项 B 正确，其值为 5.8；选项 C 正确，由于 p=x，即 p 指向 x[0]，p->in[1]即 x[0].in[1]，值为 3，对它做“++”运算值为 4；选项 D 也是正确的，p->in 即 x[0].in，是结构体变量 x[0]的成员数组 in 的首地址，对它做“*”运算值就是 x[0].in[0]，值为 1。

【例 10.5】以下对结构体变量 avr 的定义中，不正确的是______。

A.
```
typedef struct
{   int n;
    float m;
}AA;
AA avr;
```

B.
```
#define AA struct aa
AA{  int n;
     float m;
}avr;
```

C.
```
struct
{   int n;
    float m; }AA;
AA avr;
```

D.
```
struct
{   int n;
    float m;
}avr;
```

解题知识点：结构体类型变量的定义；用 typedef 定义类型。

解：答案为 C。本题中，选项 A 用 typedef 为无名结构类型起名为 AA，用类型名 AA 定义变量 avr 是正确的；选项 B 定义符号常量 AA 代替字符串 struct aa，在定义类型的同时定义变量 avr，也是正确的；选项 D 是在定义无名结构类型的同时定义变量 avr，所以也是正确的；而选项 C 中的 AA 是在定义无名结构类型的同时定义的变量名，所以变量名 AA 不能用来定义变量，因此选项 C 是错误的。

【例 10.6】若有如下定义：

```
struct AA
{  unsigned  a:3;
   unsigned  b:2;
   unsigned  c:1;
   unsigned  d:4;
}x;
```

则下列对位段的赋值不正确的是______。

A. x.a=5　　B. x.b=4　　C. x.c=01　　D. x.d=0xf

解题知识点：位段的概念。

解：答案为 B。本题解题要点是：位段的取值范围。x.a 占 3 个二进位，取值范围为 0～7，x.b 的取值范围为 0～3，x.c 的取值范围为 0～1，x.d 的取值范围为 0～15。可见选项 B 超出了取值范围，所以是错误的。选项 C 是八进制整数，选项 D 是十六进制整数，都在取值范围内。

【例 10.7】若有如下定义：

```
struct BB
{  unsigned  a:6;
   unsigned  b:4;
   unsigned  :0;
   unsigned  d:3;
}x;
```

则结构体变量 x 所占内存的字节数是______。

A. 3　　B. 4　　C. 6　　D. 2

解题知识点：位段的概念。

解：答案为 A。本题的解题要点：① 一个位段必须存储在同一个存储单元中，不能跨两个单元，若当前单元容纳不下，则该空间不用，而从下一个单元起存放该位段；② 遇到无名位段，则后面的位段从新的单元开始存放。本题中，x.a 占 1 个字节的前 6 位；后 2 位放不下 x.b，所以在下一个字节中存放；虽然 x.b 所占字节中剩余的 4 位足以存放 x.d，但是由于在其前面定义了无名位段，所以 x.d 必须从新的字节开始存放。因此，x.a、x.b、x.d 各占 1 个字节。

10.3　同步练习

一、选择题

1. 若有以下说明，则对结构体变量 stud1 中成员 age 的不正确引用方式为______。

```
struct student
{  int age;
   int num;
} stud1,*p=&stud1;
```

A. stud1.age　　B. student.age　　C. p->age　　D. (*p).age

2. 已知职工记录描述为：

```
struct workers
{  int no;
   char name[20];
   char sex;
   struct
   {  int day;int month;int year; } birth;
};
struct workers w;
```

设变量 w 中的“生日”是“1993 年 10 月 25 日”，下列语句中对“生日”的正确赋值方式是______。

A. day=25;
month=10;
year=1993;

B. w.day=25;
w.month=10;
w.year=1993;

C. w.birth.day=25;
w.birth.month=10;
w.brith.year=1993;

D. brith.day=25;
brith.month=10;
brith.year=1993;

3. 下面程序的输出结果是______。

```
#include"stdio.h"
void main()
{  struct cmplx
   { int x;int y;} cnum[2]={1,3,2,7};
    printf("%d\n",cnum[0].y/cnum[0].x*cnum[1].x);
}
```

A. 0　　B. 1　　C. 3　　D. 6

4. 有如下定义：

```
struct person{char name[9];int age;};
struct person class[10]={ "Johu",17,"Paul",19,"Mary",18,"Adam",16, };
```

根据上述定义，能输出字母 M 的语句是______。

A. printf("%c\n",class[3].name);

B. printf("%c\n",class[3].name[1]);

C. printf("%c\n",class[2].name[1]);

D. printf("%c\n",class[2].name[0]);

5. 若有以下程序段，则______是不正确的使用。

```
struct student
{  int num;
   int age;
};
struct student  stu[3]={{1001,20},{1002,19},{1004,20}};
void main()
{  struct student *p;
   p=stu;
   ...
}
```

A. (p++)->num　　B. p++　　C. (*p).num　　D. p=&stu.age

6. 若有以下的说明，则在 scanf()函数调用语句中对结构体变量成员的不正确引用方式为______。

```
struct pupil
{  char name[20];
   int age;
   int sex;
} pup[5],*p=pup;
```

A. scanf("%s",pup[0].name);

B. scanf("%d",pup[0].age);

C. scanf("%d",&(p->sex));

D. scanf("%d",&p->age);

7. 设有以下语句，则值为 6 的表达式是______。

```
struct st{int n;struct st *next;};
```

```
struct st a[3]={5,&a[1],7,&a[2],9,'\0'},*p;
p=&a[0];
```

A. p->n++　　B. p++->n　　C. (*p).n++　　D. ++p->n

8. 若有以下定义，则 a.i 的十六进制值是______。

```
union data
{  int i;char c;float f; }a;
   a.i=32767;a.c='A';
```

A. 7fff　　B. 41　　C. 7f41　　D. 32767

9. typedef long int BIGGY;的作用是______。

A. 建立了一种新的数据类型　　B. 定义了一个整型变量

C. 定义了一个长整型变量　　D. 说明了一个新的数据类型标识符

10. 执行以下语句后的结果为______。

```
enum color{red,yellow,blue=4,green,white}c1,c2;
c1=yellow;c2=white;
printf("%d,%d\n",c1,c2);
```

A. 1,6　　B. 2,5　　C. 1,4　　D. 2,6

11. 若有如下定义，则______是不正确的语句。

```
enum weekday{ mon,tue,wed,thu,fri } workday;
```

A. workday=(enum weekday)3;　　B. workday=(enum weekday)(4–2);

C. workday=3;　　D. workday=thu;

12. 设有以下说明，则______是对位段中数据的错误引用。

```
struct packed_data
{  unsigned  a:2;
   unsigned  b:3;
   unsigned  c:4;
   int d;
}data;
```

A. data.a=2;　　B. data.b=8;　　C. data.c=15;　　D. data.c=10;

二、填空题

1. 以下程序用以输出结构体变量 pw 所占用内存单元的字节数。

```
#include "stdio.h"
struct p
{  double i;char arr[20];  };
void main()
{  struct p  pw;
   printf("pw size:%d\n",______);
}
```

2. 若有以下声明和定义，则对初值中整数 2 的引用方式为______。

```
struct
{ char ch;
  int i;
  double x;
}arr[2][3]={{'a',1,3.45},{ 'b',2,7.98},{ 'c',3,1.93}};
```

3. 若有以下声明和定义，则对结构体变量 x 各个域的引用形式分别为__(1)__、__(2)__、__(3)__、

__(4)__。

```
struct aa
{  int x;
   int y;
   struct z
   { double y;int z;  }z;
}x;
```

4. 若有以下声明和定义，且数组 w 已正确赋值，则对 w 数组中第 k 个元素的各成员的引用分别为__(1)__、__(2)__、__(3)__。

```
struct aa
{ int b;char c;double d; };
struct aa w[10];
int k=5;
```

5. 若有以下声明和定义，则对 x.b 成员的另外两种引用方式为__(1)__、__(2)__。

```
struct st
{ int a;
  struct st *b;
}*p,x;
p=&x;
```

6. 下面的程序运行结果为________。

```
#include "stdio.h"
struct ks
{ int a;int *b; };
void main()
{ struct ks s[4],*p;int n=1,i;
  for(i=0;i<4;i++)
  {  s[i].a=n;s[i].b=&s[i].a;n+=2; }
  p=&s[0];
  printf("%d,%d\n",++(*p->b),*(s+2)->b);
}
```

7. 设已定义：

```
union
{  char c[2];int x;  } s;
```

若执行 s.x=0x4241 后，s.c[0]的十进制值为__(1)__，s.c[1]的十进制值为__(2)__。

8. 设有以下定义和语句，则运行结果为________（已知字母 A 的 ASCII 码值为 65）。

```
#include "stdio.h"
void main()
{  union un
   { int a;char c[2]; } w;
     w.c[0]='A';w.c[1]='a';
     printf("%o\n",w.a );
}
```

9. 下面程序的运行结果为________。

```
#include "stdio.h"
void main()
{  union EXAMPLE
   {  struct{int x;int y;}in;
```

```
        int a;int b;
    }e;
    e.a=1;e.b=2;
    e.in.x=e.a*e.b;e.in.y=e.a+e.b;
    printf("%d,%d\n",e.in.x,e.in.y);
}
```

三、编程题

1. 用结构体数组存储 3 个学生的学号、姓名和 4 门课的成绩，分别用函数求：每个学生的平均分；每门课的平均分。
2. 学生记录由学号和成绩组成。N 名学生的数据放在数组 s 中。编写函数，把分数最高的学生数据放在数组 h 中。注意分数最高的学生可能不止一个，函数返回分数最高的学生人数。
   例如：s[N]={"GA05",85,"GA03",76, "GA08",78, "GA10",90, "GA04",65, "GA16",90,
   "GA12",90,"GA01",75,"GA09",90,"GA02",76}。
3. 建立一个带头结点的链表，每个结点包括：姓名、性别、年龄。输入一些结点到链表中。测试数据分别为在头部插入、中间插入和尾部插入结点，使之形成按姓名排序的链表。
   所谓带头结点的链表就是在第一个数据结点前加一个结点，使头指针指向头结点，头结点的指针域指向第一个数据结点。
4. 对第 3 题建立的链表进行操作：输入一个姓名，若在链表中，则将该结点删除，否则输出不在链表中的提示。
5. 将第 3 题建立的链表按逆序排列，即将链头当链尾，链尾当链头。

四、趣味编程题

Josephus 问题。有 n 个人围成一圈，顺序排号，从第 s 个人开始从 1 到 m 报数，凡是报到 m 的人退出圈子，下一个人重新开始从 1 到 m 报数，直到所有人都退出圈子，输出出圈的序列。

10.4　参考答案

一、选择题

1. B	2. C	3. D	4. D	5. D
6. B	7. D	8. C	9. D	10. A
11. C	12. B			

二、填空题

1. sizeof(struct p)
2. arr[0][1].i
3. （1）x.x　　（2）x.y　　（3）x.z.y　　（4）x.z.z
4. （1）w[k].b　　（2）w[k].c　　（3）w[k].d
5. （1）(*p).b　　（2）p->b
6. 2,5
7. （1）65　　（2）66

8. 60501

9. 4,8

三、编程题

1. (1)定义结构体类型 stu：包含字符串数组 num（学号）、字符串数组 name（姓名）、整型数组 score（成绩）3 个分量。

(2)主函数 main()：定义 struct stu 型数组 s[N]存放 N 个学生的数据，float 型数组 s_ave[N]存放 N 个学生的平均分，float 型数组 c_ave 存放 M 门课程的平均分。完成数据输入、函数调用和数据输出的功能。

(3)求每个学生的平均分函数 ave_stu()，形参为学生成绩的结构体数组 s 和学生平均分数组 s_ave；操作结果在 s_ave 中，函数无须返回值，为 void 类型。

(4)求每门课的平均分函数 ave_course()，形参为学生成绩的结构体数组 s 和每门课平均分数组 c_ave；操作结果在 c_ave 中，函数无须返回值，为 void 类型。

```
#include "stdio.h"
#define N 3
#define M 4
struct stu
{ char num[8];
  char name[10];
  int score[M];
};
void ave_stu(struct stu s[],float s_ave[])      /* 求每个学生的平均分 */
{ int i,j;
  float sum;
  for(i=0;i<N;i++)
  { for(sum=0,j=0;j<M;j++)  sum+=s[i].score[j];
    s_ave[i]=sum/M;
  }
}
void ave_course(struct stu s[],float c_ave[])  /* 求每门课的平均分 */
{ int i,j;
  float sum;
  for(j=0;j<M;j++)
  { for(sum=0,i=0;i<N;i++)  sum+=s[i].score[j];
    c_ave[j]=sum/N;
  }
}
void  main()
{ struct stu s[N];float s_ave[N],c_ave[M];
   int i,j;
   printf("Enter date of %d students %d course:\n",N,M);/* 输入数据 */
   for(i=0;i<N;i++)
    { scanf("%s",s[i].num);
      scanf("%s",s[i].name);
      for(j=0;j<M;j++)
        scanf("%d",&s[i].score [j]);
    }
```

```
    ave_stu(s,s_ave);                       /* 调用函数求每个学生的平均分 */
    ave_course(s,c_ave);                    /* 调用函数求每门课的平均分 */
    printf("NO\tName\tcourse1\tcourse2\tcourse3\tcourse4\taverage\n");
    for(i=0;i<N;i++)                        /* 输出学生成绩表 */
    { printf("%s\t",s[i].num);
      printf("%s\t",s[i].name);
      for(j=0;j<M;j++)  printf("%-8d",s[i].score[j]);
      printf("%-8.1f\n",s_ave[i]);
    }
    printf("average\t\t");                  /* 输出每门课的平均分 */
    for(j=0;j<M;j++)  printf("%-8.1f",c_ave[j]);
    printf("\n");
  }
```

程序测试：

```
Enter data of 3 students 4 course:
080101 zhao 91  79  81  76↙
080102 qian 85  84  90  67↙
080103 sun  74  82  68  76↙
NO      Name    course1 course2 course3 course4 average
080101  zhao    91      79      81      76      81.8
080102  qian    85      84      90      67      81.5
080103  sun     74      82      68      76      75.0
average         83.3    81.7    79.7    73.00
```

2. （1）定义结构体类型 STREC：包含字符串数组 num（学号）、整型变量 score（成绩）两个分量。

（2）主函数 main()：定义 STREC 型数组 s[N]存放 N 个学生的记录，STREC 型数组 h[N]存放分数最高的学生记录，整型变量 n 存放最高分学生个数。完成原始数据的输出、函数调用和分数最高学生记录的输出功能。

（3）查找函数 search()：形参为指向学生记录数组的指针变量 s 和指向分数最高记录数组的指针变量 h；完成找出最高分数 max；找出分数最高的学生记录存入 h 数组，同时用变量 n 计数；返回分数最高的学生人数 n。

```
#include "stdio.h"
#define N 10
typedef struct                                /* 结点类型定义 */
{  char  num[10];int score;  }STREC;
int search(STREC *s,STREC *h)                 /* 查找函数 */
{ int i,n,max;
  max=s[0].score;
  for(i=1;i<N;i++)                            /* 找出最高分 */
    if(s[i].score>max)  max=s[i].score;
  for(n=0,i=0;i<N;i++)
    /* 将最高分学生记录存入 h 数组并计数 */
    if(s[i].score==max)  h[n++]=s[i];
  return n;                                   /* 返回得最高分的学生个数 */
}
void main()                                   /* 主函数 */
{ STREC s[N]={"GA05",85,"GA03",76,"GA08",78,"GA10",90,"GA04",65,
              "GA16",90,"GA12",90,"GA01",75,"GA09",90,"GA02",76};
```

```
  STREC h[N];int n,i;
  printf("The scores of %d students:\n",N);  /* 输出原数据 */
  for(i=0;i<N;i++)
  {  if(i%5==0)  printf("\n");
     printf("%s  %d\t",s[i].num,s[i].score);
  }
  printf("\n");
  n=search(s,h);                          /* 调用函数 */
  printf("The %d highest scores: \n",n); /* 输出得最高分的学生记录 */
  for(i=0;i<n;i++)  printf("%s  %d\t",h[i].num,h[i].score);
  printf("\n");
}
```

程序测试：

```
The scores of 10 students:
GA05  85        GA03  76        GA08  78        GA10  90        GA04  65
GA16  90        GA12  90        GA01  75        GA09  90        GA02  76
The 4 highest scores:
GA10  90        GA16  90        GA12  90        GA09  90
```

3. （1）定义结构体类型 NODE：包含字符串数组 name（姓名）、字符型变量 sex（性别）、整型变量 age（年龄）3 个分量。

（2）建立链表函数 create()：为无参函数，返回值为所建链表的头指针。

变量分析：用“尾插法”建立链表，需要定义 3 个指针变量：head 指向链头；tail 指向当前链尾；p 指向准备链入链表的新结点（当前结点）。由于所建链表的结点个数不定，用结束标志控制循环，规定姓名分量 name，"end"作为输入结束标志，定义变量 name，用 name 是否等于"end"来控制循环。

算法分析：

① 初始化：分配头结点空间，由 head 指向，置头结点的指针分量为空，头结点就是当前链尾，即 head->next=NULL；tail=head；输入第一个结点的 name 分量到变量 name。

② 当 name 不等于"end"时循环做：

a. 开辟当前结点存储单元，使 p 指向它；输入结点的 sex 和 age 分量。

b. 将当前结点链入链尾。

c. 输入新结点的 name 分量。

③ 链尾置空，即 tail->next=NULL；返回头指针 head。

（3）输出链表函数 outlist()：形参为链表头指针变量，无须返回值，为 void 型。

变量分析：定义一个指向结点的指针变量 p，指向当前要输出的结点。

算法分析：

① 初始化：指针变量指向第一个结点，即 p=head->next。

② 如果 p!=NULL（即链表不为空），循环做：

a. 输出用户数据分量。

b. 指针下移，指向下一个结点，即 p=p->next。

（4）插入结点函数 insert()：形参为链表的头指针 head 和要插入的结点指针 p（在主调函数中分配的结点空间，并输入结点的值），函数为 void 型。

变量分析：定义 2 个指针变量，p1 指向当前结点，p2 指向 p1 的前一个结点。

算法分析：

① 初始化：p2=head；p1=head->next;。

② 查找插入位置：当 p1!=NULL 且 p->num>p1->num 时循环做 p2=p1;p1=p1->next;。

③ 插入：p2->next=p;p->next=p1;。

（5）主函数 main()：

① 定义头指针变量 head，指向要插入结点的指针变量 p。

② 调用建立链表函数，建立链表。

③ 调用输出链表函数，输出链表，查看链表建立情况。

④ 分配结点空间，输入新结点数据，调用插入结点函数将新结点插入链表。

⑤ 调用输出链表函数，输出链表，查看插入情况。

程序设计：

```
#include "stdio.h"
#include "ctype.h"
typedef struct node                        /* 结点类型定义 */
{  char name[20];char sex;int age;struct node *next;  }NODE;
NODE *create()                             /* 建立链表函数，返回头指针 */
{ NODE *head,*tail,*p;
  char name[20];
  head=(NODE*)malloc(sizeof(NODE)); /* 动态分配一个结点空间作为头结点*/
  head->next=NULL;
  tail=head;
  printf("Input data:\ n");
  scanf("%s",name);
  getchar();
  /* 由于下一个输入项是字符，用 getchar()接收分隔符 */
  while(strcmp(name,"end")!=0)          /* 循环建立链表 */
  { p=(NODE*)malloc(sizeof(NODE));     /* 为当前结点动态分配一个结点空间 */
    strcpy(p->name,name);               /* 输入结点数据 */
    scanf("%c%d",&p->sex,&p->age);
       tail->next=p;                    /* 链入链尾 */
       tail=p;                          /* 当前结点是新的链尾 */
       scanf("%s",name); getchar();     /* 输入下一个 name */
  }
  tail->next=NULL;                      /* 链尾置空 */
  return head ;                         /* 返回头指针 */
}
void outlist(NODE *head)                /* 输出链表函数 */
{  NODE *p;
   p=head->next;
   printf("head");
   do{ printf("->%s,%c,%d",p->name,p->sex,p->age);
         p=p->next;  }while(p);
   printf("\n");
}
void insert(NODE *head, NODE *p)       /* 插入结点函数 */
```

```
{ NODE *p1,*p2;
  p2=head; p1=head->next;              /* 初始化 */
  while(p1&&strcmp(p->name,p1->name)>0) /* 查找插入位置 */
  { p2=p1;p1=p1->next;}
  p2->next=p;                          /* 插入结点 */
  p->next=p1;
}
void main()                            /* 主函数 */
{ NODE *head,*p;
  head=create();                       /* 调用建立链表函数 */
  outlist(head);                       /* 输出所建链表 */
  p=(NODE *)malloc(sizeof(NODE));      /* 分配结点空间 */
  printf("Input inserted node:\n");    /* 输入要插入的结点数据 */
  scanf("%s",p->name);getchar();
  scanf("%c%d",&p->sex,&p->age);
  insert(head,p);                      /* 调用结点插入函数 */
  outlist(head);                       /* 输出插入结点后的链表 */
}
```

第一次测试（前插）:

```
Input data:
han M 22 li F 23 end↙
head->han,M,22->li,F,23
Input inserted node:
dai M 24↙
head->dai,M,24->han,M,22->li,F,23
```

第二次测试（中间插）:

```
Input data:
han M 22 li F 23 end↙
head->han,M,22->li,F,23
Input inserted node:
jiang M 24↙
head->han,M,22->jiang,M,24->li,F,23
```

第三次测试（后插）:

```
Input data:
han M 22 li F 23 end↙
head->han,M,22->li,F,23
Input inserted node:
wang M 24↙
head->han,M,22->li,F,23->wang,M,24
```

4. 将第 3 题的函数 insert()换成函数 delete()。

函数 delete()：形参是链表头指针 head 及要删除结点的 name 分量信息，函数为 void 类型。

变量分析：定义两个指针变量，p1 指向当前结点，p2 指向当前结点的前一个结点（用作删除结点时与后一个结点链接）。

算法分析：

（1）初始化：p2=head；p1=head->next;。

（2）查找要删除的结点：

当 p1!=NULL 且 p1->name 不等于要查找的 name 时循环做：p2=p1;p1=p1->next;。

（3）如果 p1!=NULL 即找到了要删除的结点，则 p2->next=p1->next;，释放 p1 结点，否则输出没找到要删除的结点的提示。

删除结点函数程序设计：

```
void delete(NODE *head ,char name[])
{ NODE *p1,*p2;
   p2=head;p1=head->next;                   /* 初始化 */
   while(p1&&strcmp(p1->name,name)!=0)      /* 查找要删除的结点 */
     { p2=p1;p1=p1->next;}
   if (p1)                                  /* 找到了，删除结点 */
   { p2->next=p1->next;
     free(p1);                              /* 释放结点 p1 所占存储空间 */
   }
   else printf("No found  %s\n",name);      /* 没找到 */
}
```

在第 3 题的主函数 main()中定义要删除的姓名变量：

```
char name[20];
```

并将语句行：

```
p=(NODE *)malloc(sizeof(NODE));
printf("Input inserted node:\n");
scanf("%s",p->name);getchar();
scanf("%c%d",&p->sex,&p->age);
insert(head, p);
```

换成：

```
printf("Input deleted name:\n");              /* 输入要删除的姓名 */
scanf("%s",name);getchar();
delete(head, name);                           /* 调用删除函数 */
```

程序测试：

```
Input data:
han M 22 li F 23 wang M 24end↙
head->han,M,22->li,F,23->wang,M,24
Input deleted name:
wang↙
head->han,M,22->li,F,23
```

5. 将第 3 题的函数 insert()换成函数 reverse()。

函数 reverse()：形参是链表头指针 head，函数为 void 类型。

变量分析：定义两个指针变量，p 指向未逆置的链表，q 指向当前待逆置的结点。

算法分析：

（1）初始化：p 指向第二个结点，第一个结点的指针分量等于 NULL，即设已逆置的链表只有一个结点，p=head->next->next;haed->next->next=NULL;。

（2）循环逆置链表中未逆置的结点：

当 p!=NULL 时循环做：q 指向当前待逆置的结点；p 指向下一个结点；将 q 所指结点用“头插法”插入到头结点后。

逆置链表函数程序设计：

```
void reverse(NODE *head)
{  NODE *p,*q;
```

```
    p=head->next->next;head->next->next=NULL;
    while(p)
    { q=p;p=p->next;
      q->next=head->next;head->next=q;
    }
}
```

将第3题主函数main()中的语句行：

```
p=(NODE *)malloc(sizeof(NODE));
printf("Input inserted node:\n");
scanf("%s",p->name);getchar();
scanf("%c%d",&p->sex,&p->age);
insert(head,p);
```

换成：

```
reverse(head);
```

程序测试：

```
Input data:
han M 22 li F 23 wang M 24end↙
head->han,M,22->li,F,23->wang,M,24
head->wang,M,24->li,F,23->han,M,22
```

四、趣味编程题

方法1：用结构体数组实现

（1）输入s和m。

（2）结点结构：每个结点两个分量num和next，num存放编号，next存放下一个未出圈的编号，构成一个首尾相接的环。

1	2		2	3		3	4		4	5		5	6		6	7		7	8		8	9		9	1

（3）k是刚报完数人的编号，j是当前报数人的编号，若第j个人出圈，则删除该结点，删除的方法是：a[k].next=a[j].next;。

```
#include "stdio.h"
#define  N  9
struct node
{  int num;
   int next;
 };
void  main()
{  struct node a[N+1];
   int i,j,k,s,m,count;
   printf("s,m=");
   scanf("%d,%d",&s,&m);
   for(i=1;i<=N;i++)                    /* 构成初始环 */
     {  a[i].num=i;
        a[i].next=i+1;
        a[N].next=1;
     }
   if(s==1)j=N;else j=s-1;
   for(i=1;i<=N;i++)                    /* 每循环一次出圈一个结点 */
```

```
{  count=0;
   while(count<m)                  /* 报数 */
   {  k=j;
      j=a[j].next;
      count++;
   }
  printf("%5d",a[j].num);          /* 出圈 */
  a[k].next=a[j].next;
 }
printf("\n");
}
```

方法 2：用一维数组实现

（1）输入 s 和 m。

（2）N 个人从 1 到 N 顺序编号，并将编号存入数组 a 的 a[1]到 a[N]单元。

（3）j 用来数编号，每次加 1，若大于 N 再从 1 开始数起；若 a[j]未出圈，用 count 报数，报到 m 出圈（将该编号清零）。

```
#include "stdio.h"
#define  N  13
void main()
{  int a[N+1],i,j,s,m,count;
   printf("s,m=");
   scanf("%d,%d",&s,&m);
   for(i=1;i<=N;i++) a[i]=i;
  for(j=s-1,i=1;i<=N;i++)          /* 每循环一次出圈一人 */
   {  count=0;
      while(count<m)               /* 循环报数 */
      {  j++;
         if(j>N) j=1;
         if(a[j]) count++;
      }
     printf("%5d",a[j]);           /* a[j]出圈 */
     a[j]=0;
    }
  printf("\n");
 }
```

第11章 数据文件

11.1 要点、难点阐述

1. 数据文件的概念

把一组待处理的原始数据或者是一组输出的结果存储在磁盘中，则称为数据文件。

从文件的编码方式来区分，数据文件可分为 ASCII 码文件和二进制文件两种。ASCII 码文件也称为文本文件，这种文件在磁盘中一个字符占 1 个字节，即存放该字符的 ASCII 码值。而二进制文件则是按二进制的编码方式来存放数据。

按文件的逻辑结构划分，C 语言的数据文件属于无结构文件，或称为“流式”文件。即 C 语言把文件看作是一个字符（字节）序列，也就是由一个个的字符数据顺序组成。

2. 文件类型的指针变量

系统定义了一个文件类型 FILE，该定义包含在 stdio.h 中。每一个被使用的文件，系统都在内存中为它开辟了一个缓冲区。用户必须定义一个 FILE 类型的指针变量，指向被使用的文件，然后通过指针变量引用文件。

3. 文件的打开与关闭

任何一个文件在使用之前必须进行打开操作，使用之后必须进行关闭操作。所谓打开文件，就是使指针变量指向该文件，保存该文件的相关信息，以便进行其他操作；关闭文件则断开指针变量与文件之间的联系，也就禁止再对该文件进行操作。C 语言提供了文件打开函数 fopen()和文件关闭函数 fclose()。

注意：打开文件时，一定要明确文件的使用方式是读还是写、是文本文件还是二进制文件。

4. 文件的读/写

文件的读/写是输入/输出操作，只不过操作对象不是终端（键盘、显示器），而是磁盘。即读文件是从磁盘向内存输入，写文件是从内存向磁盘输出。

为了下面叙述方便，设有以下定义：

```
char ch,str[80];
int i;
FILE *fp;
```

且 fp 已经正确地指向了要操作的文件。

（1）读/写一个字符

从键盘向内存输入一个字符、从内存向显示器输出一个字符用如下函数：

```
ch=getchar();
putchar(ch);
```

从磁盘向内存输入一个字符、从内存向磁盘输出一个字符用如下函数：

```
ch=fgetc(fp);
fputc(ch,fp);
```

在文本文件中，文件的结束符是 EOF（是一个值为-1 的符号常量，在 stdio.h 中定义）。也可以用函数 feof(fp)来判断文件是否结束，若文件结束，函数值为非 0（真），否则为 0（假）。函数 feof(fp)用于文本文件和二进制文件均可。

（2）读/写一组同类型的数据

读/写一组同类型的数据函数：

```
fread(buffer,size,count,fp);
fwrite(buffer,size,count,fp);
```

参数 buffer 是读/写数据的首地址；size 是每次读/写的字节数；count 是本函数要读/写的次数。例如：

```
float f[5]={5.8,6.4,7.3,8.9,9.2};
fwrite(f,4,5,fp);
```

即从数组 f 的首地址开始，每次写 4 个字节（一个 float 型数据），写 5 次。可见一次函数调用就将一个数组全部写到磁盘文件中。

（3）读/写一组任意类型的数据

从键盘向内存输入一组数据、从内存向显示器输出一组数据用如下函数：

```
scanf("格式控制串",地址表);
printf("格式控制串",输出项表);
```

那么，从磁盘向内存输入一组数据、从内存向磁盘输出一组数据用如下函数：

```
fscanf(fp,"格式控制串",地址表);
fprintf(fp,"格式控制串",输出项表);
```

（4）读/写一个字符串

从键盘向内存输入一个字符串、从内存向显示器输出一个字符串用如下函数：

```
gets(str);
puts(str);
```

从磁盘向内存输入一个字符串、从内存向磁盘输出一个字符串用如下函数：

```
fgets(str,n,fp);
fputs(str,fp);
```

其中，n 表示从 fp 指向的文件中输入 n-1 个字符，并在后面加字符'\0'，即字符串 str 中共得到 n 个字符。

5. 文件定位

fp 中有一个文件位置指针分量，它指向 fp 所指文件的当前位置，就是将要读/写的位置，每读/写一个字符，指针就下移一个字符的位置。若想改变此规律，可以用函数实现。

（1）使文件位置指针返回到文件头的函数

```
rewind(fp);
```

（2）使文件位置指针相对位移的函数

```
fseek(fp,位移量,起始点);
```

使文件位置指针相对于“起始点”移动“位移量”个字节，从而实现对文件的随机读/写。其中，“起始点”为0表示“文件头”，为1表示“文件当前位置”，为2表示“文件尾”；“位移量”是字节数，用long型常量表示。

（3）得到文件指针的当前位置

```
i=ftell(fp);
```

若返回-1L则表示出错。

11.2 例题分析

【例11.1】若有定义int i=32767;将变量i存入文本文件，则在磁盘上需占的字节数是______。

A. 1　　B. 2　　C. 5　　D. 6

解题知识点：C文件的概念。

解：答案为C。根据数据的组织方式，C文件可以分为ASCII码文件（即文本文件）和二进制文件。文本文件存储的是数据的ASCII码形式，二进制文件存储的是数据的二进制形式（即内存存放的形式）。由于变量i有5位数字，所以以ASCII形式存储需占5个字节。但如果存入二进制文件，则只需占2个字节，因为整型变量在内存占2个字节。

【例11.2】若fp是指向某文件的指针变量，且已读到此文件的末尾，则函数feof(fp)的返回值是______。

A. EOF　　B. 非零值　　C. 0　　D. NULL

解题知识点：文件指针测试函数feof()。

解：答案为B。EOF和NULL都是系统定义的符号常量，EOF为-1，NULL为0。EOF是文本文件的结束标志，并不是二进制文件的结束标志。用函数feof(fp)测试文件，其值为“真”（即非零）表示文件结束，为“假”（即零）表示文件未结束。

【例11.3】下面的程序功能是统计文件中的字符个数。则下面程序中下画线上应填入的内容是______。

```
#include "stdio.h"
void main()
{  FILE *fp;
   long n=0;
   if((fp=fopen("test.dat","r"))==NULL)
   {  printf("can not open file test.dat!");exit(0);  }
   while(______)
   {  fgetc(fp);
        n++;
   }
   printf("%ld\n",n);
   fclose(fp);
}
```

A. !EOF　　B. !feof(fp)　　C. feof(fp)==0　　D. B、C均可

解题知识点：判断文件是否结束的方法。

解：答案为 D。本题的解题要点是：下画线上填入内容的含义应该是“文件未结束”。从文件打开方式"r"可知，读入的是文本文件，即文件的结束标志是 EOF（即-1）。可以根据读出的字符是否等于 EOF 判断文件是否结束，但本题在 while 语句之前没有读出字符的操作，所以不能用 EOF 控制循环，况且!EOF 的值为 0，用它控制循环，循环体将一次都不能执行，所以选项 A 错误。第二种判断文本文件是否结束的方法就是用函数 feof(fp)，此函数当文件未结束时值为 0，所以选项 B 和选项 C 都是正确的。

【例 11.4】读下面程序：

```
#include "stdio.h"
void main(int argc,char *argv[ ])
{  FILE *in,*out;
   in=fopen(argv[1],"r");
   out=fopen(argv[2],"w");
   while(!feof(in))
     fputc(fgetc(in),out);
   fclose(in);
   fclose(out);
}
```

则程序的功能是______。

A. 文件复制　　B. 文件连接　　C. 文件输入　　D. 文件输出

解题知识点：带参数的 main()函数；字符输入/输出函数。

解：答案为 A。本题的解题要点是：main()函数的参数 argv 是字符串数组，argv[0]是可执行文件的文件名，在本题中，argv[1]作为输入文件的文件名，argv[2]作为输出文件的文件名。语句 while(!feof(in))fputc(fgetc(in),out);的功能是当输入文件未结束时重复做：从输入文件中读一个字符，写到输出文件中去。可见程序的功能是：将文件名 argv[1]所代表的文件复制到文件名 argv[2]所代表的文件中去，所以选项 A 是正确的。

11.3 同步练习

一、选择题

1. C 语言中系统的标准输入文件是指______。

A. 键盘　　B. 显示器　　C. 软盘　　D. 硬盘

2. C 语言中，文件由______组成。

A. 记录　　B. 数据行　　C. 数据块　　D. 字符（字节）序列

3. C 语言中文件的类型只有______。

A. 索引文件和文本文件两种　　B. 文本文件一种

C. ASCII 文件和二进制文件两种　　D. 二进制文件一种

4. C 语言中文件的存取方式为______。

A. 只能顺序存取　　B. 只能随机存取（或称直接存取）

C. 可以顺序存取，也可以随机存取　　D. 只能从文件开头进行存取

5. 要打开一个已存在的非空文件 file 用于修改，选择正确的语句______。
   A. fp=fopen("file","r+")　　B. fp=fopen("file","w+")
   C. fp=fopen("file","r")　　D. fp=fopen("file","w")
6. fgets(str,n,fp)函数从文件中读取一个字符串，以下正确的叙述是______。
   A. 字符串读入后不会自动加入'\0'
   B. fp 是 file 类型的指针
   C. fgets()函数将从文件中最多读入 *n*-1 个字符
   D. fgets()函数将从文件中最多读入 *n* 个字符
7. 以下程序将一个名为 f1.dat 的文本文件复制到一个名为 f2.dat 的文件中。

```
#include "stdio.h"
void main()
{  char c;FILE  *fp1,*fp2;
   fp1=fopen("f1.dat", (1) );
   fp2=fopen("f2.dat", (2) );
   c=fgetc(fp1);
   while(c!=EOF)
     {  fputc(c,fp2);c=fgetc(fp1);  }
   fclose(fp1);fclose(fp2);
}
```

   （1）A. "a"　　B. "rb"　　C. "rb+"　　D. "r"
   （2）A. "wb"　　B. "wb+"　　C. "w"　　D. "ab"
8. 函数 fread()的调用形式为 fread(buffer,size,count,fp)，其中 buffer 代表的是______。
   A. 存放读入数据项的存储区
   B. 一个指向所读文件的文件指针
   C. 存放读入数据的地址或指向此地址的指针
   D. 一个整型变量，代表要读入的数据项总数
9. 函数调用语句 fseek(fp,-10L,2)的含义是______。
   A. 将文件位置指针移到距离文件头 10 个字节处
   B. 将文件位置指针从当前位置向文件尾方向移动 10 个字节
   C. 将文件位置指针从当前位置向文件头方向移动 10 个字节
   D. 将文件位置指针从文件尾处向文件头方向移动 10 个字节

二、填空题

1. 在 C 语言文件中，数据存放的两种代码形式分别是__（1）__和__（2）__。
2. 在 C 语言中，可以对文件进行的两种存取方式分别是__（1）__和__（2）__。存取是以__（3）__为单位的。
3. 在 C 语言的文件系统中，最重要的概念是“文件指针”，文件指针的类型只能是______类型。
4. C 语言调用__（1）__函数打开文件，调用__（2）__函数关闭文件。
5. 如果调用 fopen()函数不成功，则函数的返回值为__（1）__；如果调用 fclose()函数不成功，函数的返回值为__（2）__。
6. 调用 fopen()函数打开一个文本文件，在“使用方式”这一项中，为输入而打开需填入__（1）__，

为输出而打开需填入＿（2）＿，为追加而打开需填入＿（3）＿。

7. Feof()函数可用于＿（1）＿文件和＿（2）＿文件，它用来判断即将读入的是否为＿（3）＿，若是，函数值为＿（4）＿。
8. 文件结束标志 EOF 只可用于＿＿＿＿文件。
9. 函数调用语句 fgets(str,n,fp);从 fp 指向的文件中读入＿（1）＿个字符放到 str 字符数组中，数组的第 *n* 个位置上加＿（2）＿，函数值为＿（3）＿。
10. 若 ch 为字符变量，fp 为文本文件指针，请写出从 fp 所指文件中读入一个字符时，可用的两种不同的输入语句：＿（1）＿和＿（2）＿。
11. 若 ch 为字符变量，fp 为文本文件指针，请写出把一个字符输出到 fp 所指文件中时，可用的两种不同的输出语句：＿（1）＿和＿（2）＿。
12. 若需要将文件中的位置指针重新回到文件开头位置，可调用＿（1）＿函数；若需要将文件中的位置指针指向文件中倒数第 20 个字节处，可调用＿（2）＿函数。
13. 以下程序把从键盘输入的字符存放到一个文件中（用字符'#'作为结束输入的标志）。

```
#include "stdio.h"
void main()
{   FILE *fp;
    char ch,fname[10];
    printf("Input name of file\n");gets(fname);
    if((fp=fopen(fname,"w"))==NULL)
    {  printf("cannot open\n");exit(0); }
    printf("Enter data:\n); /*由键盘输入字符，存放到文件中*/
    while(__(1)__!='# ')  fputc(__(2)__);
    fclose(fp);
}
```

14. 下面程序用来统计文件 fname.dat 中字符的个数，请填空。

```
#include "stdio.h"
void main()
{  FILE *fp;
   long num=0;char ch;
   if((fp=fopen("fname.dat",__(1)__))==NULL)
   {  printf("Can't open file!\n");exit(0); }
   while __(2)__    {  ch=__(3)__;num++; }
   printf("num=%d\n",num);
   fclose(fp);
}
```

15. 将一个磁盘文件中的信息复制到另一个磁盘文件中，请填空。

```
#include "stdio.h"
void main()
{  __(1)__ *in,*out;char ch,infile[10],outfile[10];
  printf("enter the infile name: \n");scanf("%s",infile);
  printf("enter the outfile name: \n");
  scanf("%s",outfile);
  if((in=fopen(infile,"r"))==NULL)
  {  printf("Can't open infile \n");exit(0);  }
  if((out = __(2)__)==NULL)
```

```
    { printf("Can't open outfile \n");exit(0); }
    while(!feof(in)) fputc(___(3)___,out);
    fclose(in);
    fclose(out);
}
```

16. 从键盘上输入一个字符串，将其中的小写字母全改成大写字母，然后输出到一个磁盘文件 test 中保存起来。输入的字符串以'#'结束。

```
#include "stdio.h"
void main()
{ FILE *fp;char str[100];
  int i=0;
  if((fp=fopen(___(1)___))==NULL)
  { printf("Can't open file \n");exit(0); }
  gets(str);
  while(str[i]!='#')
  { if(___(2)___) str[i]=str[i]-32;
    fputc(str[i],fp);
    i++;
  }
  fclose(fp);
  fp=fopen("test","r");
  fgets(str,strlen(str)+1,fp);
  ___(3)___;
  fclose(fp);
}
```

三、编程题

1. 编写一个程序，将从键盘输入的字符序列存放到一个名为 f1.txt 的文件中（用字符'#'作为结束输入的标志）。
2. 编写一个程序，将磁盘当前文件夹中名为 f1.txt 的文本文件输出到屏幕上，并复制到同一文件夹中，文件名为 f2.txt。
3. 有 5 个学生，每个学生有 3 门课的成绩，从键盘输入学生数据（包括学号、姓名、3 门课成绩），计算出平均成绩，将原有数据和计算出的平均分数存放在磁盘文件 stud 中。
4. 将上题 stud 文件中的学生数据按平均分进行排序，将已排序的学生数据存入一个新文件 stu_sort 中。
5. 对上题已排序的学生数据进行插入处理。输入一个学生的信息，先计算其平均成绩，然后按平均成绩的高低顺序插入到文件 stu_sort 中。

11.4 参考答案

一、选择题

1. A　　2. D　　3. C　　4. C　　5. A
6. C　　7.（1）D　（2）C　　8. C　　9. D

二、填空题

1. （1）二进制码 （2）ASCII 码
2. （1）顺序存取 （2）随机存取 （3）字节
3. FILE
4. （1）fopen() （2）fclose()
5. （1）NULL （2）EOF
6. （1）"r" （2）"w" （3）"a"
7. （1）ASCII （2）二进制 （3）文件结束符 （4）非 0
8. ASCII（文本）
9. （1）n-1 （2）'\0' （3）str 的首地址
10. （1）ch=fgetc(fp); （2）fscanf(fp,"%c",&ch);
11. （1）fputc(ch,fp); （2）fprintf(fp,"%c",ch);
12. （1）rewind() （2）fseek()
13. （1）(ch=getchar()) （2）ch,fp
14. （1）"r" （2）(!feof(fp)) （3）fgetc(fp)
15. （1）FILE （2）fopen(outfile, "w") （3）fgetc(in)
16. （1）"test","w" （2）str[i]>='a'&&str[i]<='z' （3）puts(str)或 printf("%s\n",str);

三、编程题

1. 变量设计：定义 FILE 类型的指针变量 fp、char 型变量 ch。

   算法设计：

   （1）打开文件：因为是把文本写到磁盘文件中去，所以使用文件方式应为"w"。

   （2）从键盘输入字符，当输入的字符不是 '#' 时循环做：把输入的字符输出到文件中。

   （3）关闭文件。

   程序设计：

```
#include "stdio.h"
void main()
{ FILE  *fp;
  char ch;
  if((fp=fopen("f1.txt","w"))==NULL)      /* 打开文件 */
  {  printf("cannot open file\n");
    exit(0);
  }
  printf("Input characters :\n");
  while((ch=getchar())!='#')          /* 从键盘输入字符，不是'#'循环做 */
     fputc(ch,fp);                    /* 向磁盘文件写字符 */
  fclose(fp);                         /* 关闭文件 */
}
```

   程序测试：

```
Input characters:
This is a C program.# ↙
```

   查看磁盘当前文件夹中，一定会有新的文件 f1.txt，可以用记事本方式打开文件查看内容。

2. 变量设计：定义 FILE 类型的指针变量 in 和 out、char 型变量 ch。

算法设计：

（1）打开文件：读文本文件 f1.txt，使用文件方式应为"r"；写到磁盘文件 f2.txt 中去，使用文件方式应为"w"。

（2）从文件 f1.txt 中读字符，当文件未结束时循环做：

① 向屏幕输出该字符。

② 把该字符输出到文件 f2.txt 中去。

（3）关闭文件。

程序设计：

```
#include "stdio.h"
void main()
{ FILE *in,*out;
  char ch;
  if((in=fopen("f1.txt","r"))==NULL)        /* 打开文件 */
  {  printf("cannot open file\n");
     exit(0);
  }
  if((out=fopen("f2.txt","w"))==NULL)       /* 打开文件 */
  {  printf("cannot open file\n");
     exit(0);
  }
  while((ch=fgetc(in))!=EOF)                /* 从磁盘读字符，文件未结束循环做 */
  { putchar(ch);                            /* 向屏幕输出字符 */
    fputc(ch,out);                          /* 向磁盘文件写字符 */
  }
  fclose(in);                               /* 关闭文件 */
  fclose(out);
}
```

程序测试：

```
This is a C program.
```

查看磁盘当前文件夹中，一定会有新的文件 f2.txt，内容与 f1.txt 相同。

3. （1）定义结构体类型 STU 描述每个学生信息：包含 char 型学号数组 num、姓名数组 name，int 型成绩数组 score、平均成绩 aver 共 4 个分量。

（2）定义 STU 型外部数组 stu[N]，存放 N 个学生的数据。

（3）将题目要求划分成 3 个模块：从键盘输入数据；求平均分；输出数据到磁盘。

```
#define N 5
#define M 3
#include "stdio.h"
typedef struct                              /* 类型定义 */
{ char num[8];char name[8];int score[M];float aver; }STU;
STU stu[N];                                 /* 定义外部数组 */
void input()                                /* 输入数据模块 */
{ int i,j;
  printf("Enter datas of %d students %d courses:\n",N,M);
  for(i=0;i<N;i++)
  {  scanf("%s%s",stu[i].num,stu[i].name);
```

```
      for(j=0;j<M;j++)
        scanf("%d",&stu[i].score[j]);
      getchar();                              /* 接收输入数据时的回车号 */
    }
  }
  void average()                              /* 求每个学生的平均分模块 */
  { int i,j;
    for(i=0;i<N;i++)
    { for(stu[i].aver=0,j=0;j<M;j++)
        stu[i].aver+=stu[i].score[j];
      stu[i].aver/=M;
    }
  }
  void output()                               /* 输出数据模块 */
  { int i,j;
    FILE *p;
    if((p=fopen("stud","w"))==NULL)           /* 打开文件 */
    { printf("can not open file stud!");exit(0);}
    printf("NO\tname\tcourse1\tcourse2\tcourse3\taverage\n");
    for(i=0;i<N;i++)                          /* 输出到显示器 */
    { printf("%s\t%s\t",stu[i].num,stu[i].name);
      for(j=0;j<M;j++)
        printf("%-8d",stu[i].score[j]);
      printf("%-8.1f\n",stu[i].aver);
    }
    for(i=0;i<N;i++)                          /* 输出到磁盘文件 */
      fwrite(&stu[i],sizeof(STU),1,p);
    fclose(p);                                /* 关闭文件 */
  }
  void main()                                 /* 主函数 */
  { clrscr();
    input();
    average();
    output();
  }
```

程序测试：

```
Enter datas of 5 students 3 courses:
080101 zhao   91  79  81↙
080102 qian   85  84  90↙
080103 sun    74  80  63↙
080104 sun    71  83  78↙
080105 sun    68  86  68↙
NO      Name    course1   course2     course3     average
080101  zhao      91        79          82          84.0
080102  qian      85        84          79          86.0
080103  sun       74        82          66          74.0
080104  li        71        83          76          76.7
080105  zhou      68        86          70          74.6
```

4. （1）定义结构体类型 STU 描述每个学生信息：包含 char 型学号数组 num、姓名数组 name，int 型成绩数组 score、平均成绩 aver 共 4 个分量。

（2）定义 STU 型外部数组 stu[N]，存放 *N* 个学生的数据。

（3）将题目要求划分成3个模块：从磁盘输入数据；按平均分排序；输出数据到磁盘。

```
#define N 5
#define M 3
#include "stdio.h"
typedef struct
{ char num[5];char name[8];int score[M];float aver; }STU;
STU stu[N];
void input()                                    /* 从磁盘输入数据 */
{ int i,j;
  FILE *p;
  if((p=fopen("stud","r"))==NULL)
  { printf("can not open file stud!");exit(0); }
  for(i=0;i<N;i++)
    fread(&stu[i],sizeof(STU),1,p);
  fclose(p);
}
void sort()                                     /* 按平均成绩排序 */
{ int i,j;
  for(i=0;i<N-1;i++)
    for(j=i+1;j<M;j++)
      if(stu[i].aver<stu[j].aver)
        { STU x;x=stu[i];stu[i]=stu[j];stu[j]=x;  }
}
void output()                                   /* 输出函数 */
{ int i,j;
  FILE *p;
  printf("NO\tname\t\tcourse1  course2  course3  average\n");
  for(i=0;i<N;i++)                              /* 输出到显示器 */
  { printf("%s\t%s\t",stu[i].num,stu[i].name);
    for(j=0;j<M;j++)  printf("%-8d",stu[i].score[j]);
    printf("%-8.1f\n",stu[i].aver);
  }
  if((p=fopen("stu_sort","w"))==NULL)           /* 打开文件 */
    { printf("can not open file stu_sort!");exit(0);  }
  for(i=0;i<N;i++)                              /* 输出到磁盘文件 */
    fwrite(&stu[i],sizeof(STU),1,p);
  fclose(p);
}
void main()                                     /* 主函数 */
{ clrscr();
  input();
  sort();
  output();
}
```

程序测试：

```
NO      Name    course1 course2 course3  average
080102  qian      85      84      79      86.0
080101  zhao      91      79      82      84.0
080104  li        71      83      76      76.7
```

```
080105  zhou      68      86      70       74.6
080103  sun       74      82      66       74.0
```

5. （1）定义结构体类型 STU 描述每个学生信息：包含 char 型学号数组 num、姓名数组 name、int 型成绩数组 score、平均成绩 aver 共 4 个分量。

（2）定义 STU 型外部数组 stu[N+1]，存放 *N* 个学生的数据及插入的学生数据。

（3）输出磁盘文件函数 list()：形参为学生个数 *n*，无须返回值，为 void 型。

（4）插入函数 insert()：形参为 STU 型指针变量 s，指向要插入的学生记录，无须返回值，为 void 型。

算法设计：

① 由于文件读出后还需回写，所以文件打开方式为读/写方式，即"r+"。

② 将原数据文件读入数组 stu 中，然后文件位置指针复位。

③ 查找插入位置 i。

④ 插入位置前的数据回写。

⑤ 待插数据定位。

⑥ 插入位置后的数据回写。

（5）主函数 main()算法设计：

① 输出插入前的数据（用于与插入后的数据对比）。

② 输入要插入的学生记录。

③ 计算该学生的平均成绩。

④ 调用插入函数插入。

⑤ 输出插入后数据。

程序设计：

```
#define N 5
#define M 3
#include "stdio.h"
typedef struct
{ char num[5];char name[8];int score[M];float aver; }STU;
STU stu[N+1];
void insert(STU *s)                              /* 插入一个学生记录 */
{ int i,j;
  FILE *p;
  STU temp;
  if((p=fopen("stu_sort","r+"))==NULL)         /* 打开文件 */
  { printf("can not open file stu_sort!");exit(0); }
  for(i=0;i<N;i++)                               /* 读入数据 */
    fread(&stu[i],sizeof(STU),1,p);
  rewind(p);                                     /* 文件位置指针复位 */
  i=0;
  while(i<N && stu[i].aver>s->aver)i++;          /* 查找插入位置 */
  for(j=0;j<i;j++)                               /* 插入位置之前的数据写回 */
    fwrite(&stu[j],sizeof(STU),1,p);
  fwrite(s,sizeof(STU),1,p);                     /* 插入数据定位 */
  for(j=i;j<N;j++)                               /* 插入位置之后的数据写回 */
    fwrite(&stu[j],sizeof(STU),1,p);
```

```
  fclose(p);                                      /* 关闭文件 */
}
void list(int n)                                  /* 输出函数 */
{ int i,j;
  FILE *p;
  if((p=fopen("stu_sort","r"))==NULL)             /* 打开文件 */
  { printf("can not open file stu_sort!"); exit(0); }
  for(i=0;i<n;i++)                                /* 读磁盘文件 */
    fread(&stu[i],sizeof(STU),1,p);
  printf("NO\tname\t  course1  course2  course3  average\n");
  for(i=0;i<n;i++)                                /* 输出到显示器 */
  { printf("%s\t%s\t",stu[i].num,stu[i].name);
    for(j=0;j<M;j++)
      printf("%-8d",stu[i].score[j]);
    printf("%-8.1f\n",stu[i].aver);
  }
  fclose(p);
}
void main()                                       /* 主函数 */
{ STU s;  int i;
  clrscr();
  list(N);                                        /* 输出插入前数据 */
  printf("Enter data of a student:\n");           /* 输入要插入的学生记录 */
  scanf("%s%s",s.num,s.name);
  for(s.aver=0,i=0;i<M;i++)
  { scanf("%d",&s.score[i]);s.aver+=s.score[i]; }
  s.aver/=M;                                      /* 计算平均成绩 */
  insert(&s);                                     /* 调用插入函数插入 */
  list(N+1);                                      /* 输出插入后数据 */
}
```

程序测试:

```
NO      Name      course1 course2 course3 average
080102  qian        85      84      79      86.0
080101  zhao        91      79      82      84.0
080104  li          71      83      76      76.7
080105  zhou        68      86      70      74.6
080103  sun         74      82      66      74.0
Enter data of a student:
080106 wu 72 84 71↙
NO      Name      course1 course2 course3  average
080102  qian        85      84      79       86.0
080101  zhao        91      79      82       84.0
080104  li          71      83      76       76.7
080106  wu          72      84      71       75.7
080105  zhou        68      86      70       74.6
080103  sun         74      82      66       74.0
```

第二部分　C语言程序设计上机指南

第12章　Turbo C 2.0使用指南

Turbo C 是 Borland 公司开发的 C 语言编译系统，它用于微型计算机上，基于 DOS 平台。它是一个集程序编辑、编译、连接、调试为一体的 C 语言程序开发软件，具有速度快、效率高、功能强等优点，使用非常方便，所以目前国内用户仍广泛使用。

12.1　进入和退出 Turbo C 环境的方法

当采用系统提供的默认方案，运行了系统提供的安装程序 install.exe 后，用户的磁盘（如 C 盘）上将会增加以下文件夹和文件：

- C:\TC，其中包括 tc.exe、tcc.exe、make.exe 等执行文件。
- C:\TC\INCLUDE，其中包括 stdio.h、math.h、malloc.h、string.h 等头文件。
- C:\TC\LIB，其中包括 maths.lib、mathl.lib、graphics.lib 等库函数文件。

在 TC 文件夹中存放的 tc.exe、tcc.exe 是两个执行文件，其中 tc.exe 是将编辑、编译、连接、调试和运行集成为一体的基本模块；tcc.exe 则提供了某些补充功能，例如可以在程序中嵌入汇编代码等。在一般情况下只需用到 tc.exe。

进入 Turbo C 环境需要调用 tc.exe，可以由 Windows 平台进入 Turbo C，采用以下几种方法之一：

- 若桌面上有 TC 快捷方式图标，双击该图标，进入 Turbo C 的工作窗口。
- 通过“资源管理器”找到文件夹 TC 中的 tc.exe 文件，双击该图标，进入 Turbo C 的工作窗口。
- 用“开始”菜单的“搜索”命令查找 tc.exe。

进入 Turbo C 环境，屏幕上将显示 Turbo C 工作窗口。在 Turbo C 工作窗口中，按住【Alt】键再按【X】键（在后面的描述中记作：【Alt+X】组合键），则退出 Turbo C，返回操作系统环境。

12.2　Turbo C 的工作窗口

Turbo C 的工作窗口分为 4 部分：主菜单窗口、编辑窗口、信息窗口和功能键提示行，如图 12-1 所示。

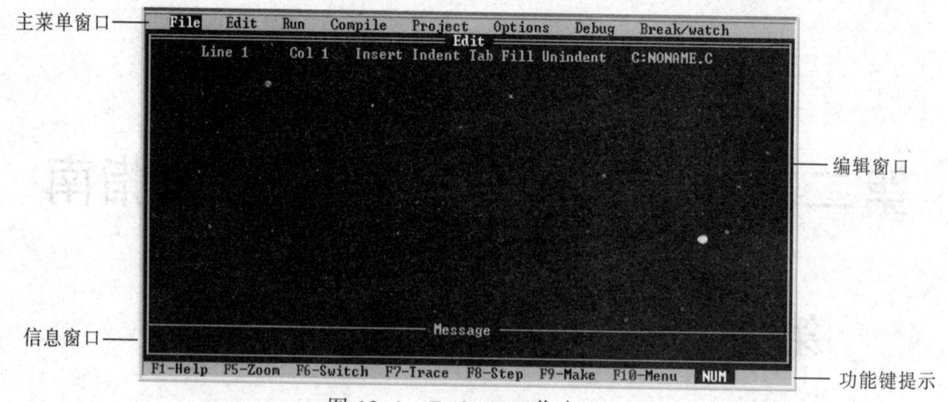

图 12-1 Turbo C 工作窗口

1. 主菜单窗口

主菜单窗口包括 8 个菜单，每一个菜单可能还有其子菜单，分别用来实现不同的操作。

① File（文件）：实现将磁盘中的 C 语言源文件调入内存、建立新的 C 语言源文件、保存文件、改变默认的存储路径、退出 Turbo C 等功能。

② Edit（编辑）：进入编辑窗口，编辑（输入、插、删和改）C 语言源文件。

③ Run（运行）：实现将 C 语言源文件（扩展名为.C）编译连接生成目标文件（扩展名为.OBJ）和可执行文件（扩展名为.EXE）并运行程序、显示运行结果等功能。

④ Compile（编译）：用于实现编译源文件、生成目标文件、生成可执行文件等功能。

⑤ Project（项目）：用于将多个 C 语言源文件编译连接成项目文件（扩展名为.PRJ）。

⑥ Options（选项）：用于工作环境的设置，如文件配置、内存模式、存储路径等。

⑦ Debug（调试）：常用于大型程序的调试。

⑧ Break / watch（断点 / 监视）：用于程序调试。

在任何时候，按住【Alt】键再按菜单的第一个字母，将激活该菜单。

2. 编辑窗口

编辑窗口用 Edit 作为标志，用于对 Turbo C 源程序进行输入和编辑。在编辑窗口的上部是编辑状态行：

```
Line 1  Col 1  Insert  Indent  Tab  Fill  Unindent  * C:NONAME.C
```

① Line 1 和 Col 1 表示当前光标的位置在第 1 行第 1 列。当光标移动时，Line 和 Col 后面的数字也随之改变，用来告诉用户光标当前所在的位置。

② Insert 表示当前的编辑处于插入状态，再按键盘上的【Insert】键，则该处为空白，表示当前的编辑处于改写状态，反复按【Insert】键可在插入和改写间切换。

③ Indent 表示自动缩进，即按【Enter】键后光标移到上一行第一个非空格字符处对齐。是否选择该功能，可按【Ctrl+O+I】组合键切换。

④ Tab 表示制表开关开启，即按【Tab】键光标移动到下一个制表位（一个制表位通常为 8 个字符）。是否选择该功能，可按【Ctrl+O+T】组合键切换。

⑤ Unindent 可以控制当光标在一行中的第一个非空字符时（或在空行上），退格键回退一级（用 Indent 自动缩进的）。是否选择这个功能，可按【Ctrl+O+U】组合键切换。

⑥ *是文件修改后尚未存盘的标志。选择 File 菜单中的 Save（或直接按 Save 的功能键【F2】键）命令，则星号消失，表示已经存盘。

⑦ 状态行最右端显示的是当前正在编辑的文件名，对未命名的新文件自动命名为 NONAME.C。如果是从磁盘调入的已存在的文件，则在该位置上显示该文件名。

3. 信息窗口

信息窗口用 Message 作为标志，用来显示编译和连接时的有关信息。

4. 功能键提示行

该行显示一些常用功能键及其作用。

① F1–Help（帮助）：任何时候按【F1】键都会显示帮助信息。

② F5–Zoom（窗口控制）：作用是放大或缩小活动窗口。如果当前在编辑窗口工作，也就是说编辑窗口是活动窗口，按【F5】键就不显示信息窗口，将编辑窗口扩大到整个屏幕，以便能容纳和显示较长的源程序。再按【F5】键则恢复信息窗口。如果当前信息窗口是活动窗口，按【F5】键就不显示编辑窗口，将信息窗口扩大到整个屏幕，再按【F5】键则恢复编辑窗口。

③ F6–Switch（转换窗口）：作用是在编辑窗口和信息窗口间转换活动窗口。若当前编辑窗口为活动窗口，按【F6】键就激活信息窗口为活动窗口（可以看到信息窗口的标志 Message 以高亮显示），此时编辑窗口不能工作。若再按一次【F6】键，就激活编辑窗口（可以看到编辑窗口中的标题 Edit 以高亮显示），此时可以在编辑窗口中编辑源程序。

④ F7–Trace（跟踪）：按一次【F7】键执行一个语句，跟踪函数调用。

⑤ F8–Step（按步执行）：按一次【F8】键执行一个语句，不跟踪函数调用。

⑥ F9–Make（生成目标文件）：进行编译和连接。生成.OBJ 文件和.EXE 文件，但不运行程序。

⑦ F10–Menu（菜单）：回到主菜单，用【←】和【→】键选择菜单（选中的菜单以反向显示）。

以上只是对 Turbo C 工作窗口的简单说明，至于如何具体使用，后面会陆续介绍。

12.3　编辑一个 C 语言源文件

编辑源文件就是把程序从键盘（或从磁盘）输入到编辑窗口，以及通过插入、删除、改写等操作完成程序的录入工作。

1. 编辑一个新文件

方法 1：先编辑后起文件名。

要输入一个新的 C 程序，可以选择主菜单中的 File 菜单。如果是刚刚进入 TC 环境，系统会自动激活 File 菜单（File 菜单以反向显示），如果在编辑完其他程序后想编写一个新程序，则可以按【F10】键激活主菜单，用【←】和【→】键选择 File 菜单（或按【Alt+F】组合键），按【Enter】键后出现下拉菜单，用【↑】和【↓】键找到菜单选项 New，然后按【Enter】键进入编辑窗口，光标定位在左上角（第 1 行、第 1 列），编辑状态行的右端 NONAME.C 作为临时文件名。上面的操作记作：File | New。

此时可以开始输入和编辑源程序了。Turbo C 提供了一个全屏幕编辑环境，只要将已编好的源程序逐行输入即可，如发现错误可以随时修改。

输入完成后应认真检查，确认无误时应将源程序保存到磁盘。方法是：选择 File | Save 命令（或按【F2】键）后，就会弹出一个重命名的对话框，要求用户指定文件名，如图 12-2 所示。

在对话框中是临时文件名 NONAME.C，意为“无名”，且在当前文件夹即 C 盘的 TC 文件夹中（安装 Turbo C 时形成的工作文件夹）。

假如想用 C1 为程序起名，则可以在对话框中输入 C1 然后按【Enter】键，源程序就被保存在 TC 文件夹中，并以文件名 C1.C 存盘（.C 是默认的 C 源程序扩展名）。如果不想把文件保存在 TC文件夹内，也可以另外指定文件路径，如在对话框中输入“C: \ TC \ ZHANG \ C1”然后按【Enter】键，则源程序就保存在 C 盘 TC 文件夹中的 ZHANG 文件夹内（文件夹 ZHANG 是进入 TC 前已经创建好的）。

在用指定的文件名 C1 存盘后，编辑窗口状态行右端的文件名就自动改为 C1.C，表示正在编辑的源文件已经有了自己的名字 C1.C。此后，在编辑过程中可以随时按【F2】键将修改过的源程序存盘。

方法 2：先起文件名后编辑。

可以选择 File | Load 命令（或按【F3】键），就会弹出加载文件的对话框，要求用户指定文件名，如图 12-3 所示。

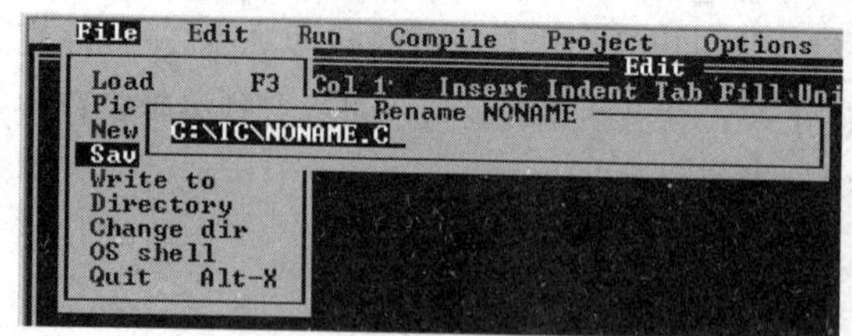

图 12-2 重命名对话框

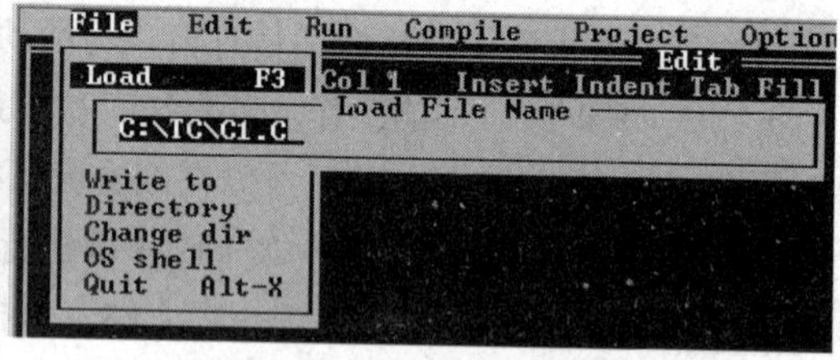

图 12-3 加载文件对话框

对话框中是上一次调用文件时的路径和文件名，此时输入指定的路径和文件名后按【Enter】键即可。例如，输入“C: \ TC \ ZHANG \ C2”然后按【Enter】键，此时屏幕上是一片空白（若不是空白，则表明已经存在一个名为 C2.C 的文件，重新操作另起一个名字），就可以开始输入和编辑源程序了，并且可随时按【F2】键存盘，则在 C 盘 TC 文件夹中的 ZHANG 文件夹内就建立了一个名为 C2.C 的文件，同时，编辑窗口状态行右端就会出现新的文件名 C2.C。如果只输入文件名而不指定路径，则文件存储在当前文件夹中。

2. 编辑一个已经存在的文件

假如要修改以前存盘的源文件，就需要把它从磁盘中调出来。方法与上面的方法 2 一样，即选择 File | Load 命令，就会弹出加载文件的对话框，此时输入路径和文件名后按【Enter】键即可将文件装入编辑缓冲区。如果屏幕上是一片空白，则表示输入的文件名不存在（即无此文件）。如果记不清所要加载的源文件名，想看一下当前文件夹中有哪些源文件，则可以在加载文件的对话框中输入*.C 然后按【Enter】键，Turbo C 就会显示出当前文件夹中的所有扩展名为.C 的文件名。利用光标移动键将亮条移到需要加载的文件名处，按【Enter】键后，该文件的内容即显示在屏幕上，供用户编辑、修改。还可以在加载文件的对话框中输入盘符和路径查看指定盘中指定文件夹中的项目，如输入“C:\TC*.*”，则显示 C 盘 TC 文件夹中的所有文件。

3. 快速编辑的方法

① 如果要输入的程序与一个已经存盘的程序相似，可以用上述方法将其调出并修改。选择 File | Write to 命令，就会弹出新名对话框，如图 12-4 所示。

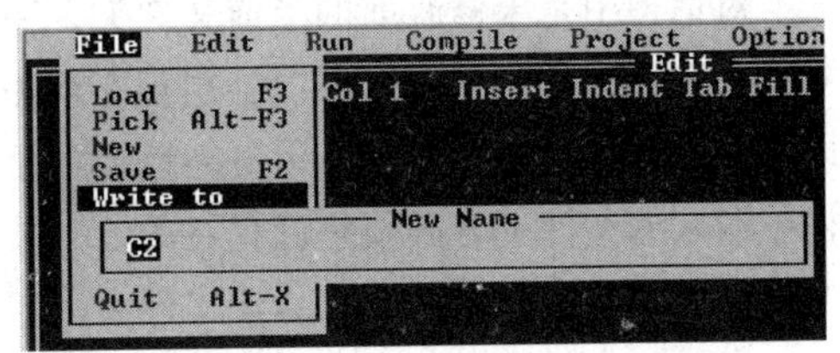

图 12-4 新名对话框

这时输入一个新文件名并按【Enter】键，则以新名存盘（原来的文件仍存在），编辑窗口中状态行右端所显示的文件名也自动改变。此操作相当于 Windows 系统中的“另存为”功能。

② 利用块命令进行如下操作：

- 定义块：将光标移到要选择块的第一个字符处，按【Ctrl+K+B】组合键（定义块头）；将光标移到要选择块的最后一个字符后，按【Ctrl+K+K】组合键（定义块尾），此时被选择的块反向显示。
- 复制块：块定义后，将光标移到要复制处，按【Ctrl+K+C】组合键（复制块），则复制完成。
- 移动块：块定义后，将光标放在要移到处，按【Ctrl+K+V】组合键（移动块），则移动完成。
- 删除块：块定义后，按【Ctrl+K+Y】组合键（删除块），则删除完成。
- 显示/隐藏块标记：重复按【Ctrl+K+H】组合键，则在显示和隐藏块标记之间切换。
- 从磁盘读入文件：按【Ctrl+K+R】组合键（读块），弹出从文件读块的对话框，输入文件名并按【Enter】键，则将文件读入编辑窗口的光标处。
- 把块写到磁盘：块定义后，按【Ctrl+K+W】组合键（写块），弹出写块到文件的对话框，输入路径和文件名并按【Enter】键，则将块以文件形式存盘。

③ 快速移动光标：

- 向前移一页，按【Page Up】键；向后移一页，按【Page Down】键。
- 移到行首，按【Home】键；移到行尾，按【End】键。
- 移到块首，按【Ctrl+Q+B】组合键；移到块尾，按【Ctrl+Q+K】组合键。
- 移到文件头，按【Ctrl+Home】组合键；移到文件尾，按【Ctrl+End】组合键。

④ 插入、删除一行。将光标移到行头，按【Ctrl+N】组合键，在该行前插入一个空行；将光标移到行尾，按【Enter】键，在该行后插入一个空行。按【Ctrl+Y】组合键，删除光标所在行。

⑤ 在选择了菜单或出现任何对话框时，按【Esc】键则取消。

12.4 确定 Turbo C 文件存储路径

1. 改变当前工作文件夹

为了管理上的方便和安全，应该分别建立文件夹，存放不同的人创建的不同性质和用途的文件。例如，几个人共用一台计算机，应该为每个人建立一个专用的文件夹。为使每个人可以在自己的文件夹中进行文件的编辑工作，而不用指明路径，每次进入 Turbo C 后，需要把自己的文件夹改变成当前工作文件夹。

具体方法是：选择 File | Change dir 命令，就会弹出新目录对话框，如图 12-5 所示。

对话框中是未修改前的当前文件夹，输入自己的文件夹路径即可。假如在 TC 文件夹中已建立了一个名为ZHANG的文件夹，想把它改为当前文件夹，只要在对话框中输入“C: \ TC \ ZHANG”即可，以后再保存文件时不用另外指定路径，自动保存在该文件夹中。但应注意：在新目录对话框中输入的文件夹名必须是已存在的，如果不存在，则系统会显示出错信息，可再次输入合法的文件夹名，或返回操作系统新建文件夹。

2. 确定 Turbo C 系统工作路径

指定当前工作文件夹，可以用来方便地保存自己编辑的源文件（编辑保存的.C 文件）和输出文件（即编译生成的.OBJ 文件和连接生成的.EXE 文件）。但是，如果只希望把源文件保存在当前工作文件夹中，就要设置将输出文件存于何处。

此外，Turbo C 还提供了一些头文件和库函数，用户要使用它们，也必须设置它们的存储路径。

在安装 Turbo C 时，如果用户不作另外的指定，系统会按照默认的方案建立主文件夹 C:\TC 用来存放 Turbo C 的系统文件，同时在主文件夹中建立 C:\TC\INCLUDE（存放头文件），建立 C:\TC\LIB（存放库函数文件），建立 C:\TC\TC（存放输出文件），系统会自动将这些路径保存到配置文件（TCCONFIG.TC）中。如果安装时用户指定了路径，或安装后移动了 TC 主文件夹，则需要重新设置系统工作路径，通知 Turbo C 系统以免找不到。

确定 Turbo C 系统的工作路径，需选择 Options | Directories 命令，会弹出一个窗口，如图 12-6 所示，窗口中各行的含义如下：

① Include directories：C:\TC\INCLUDE　　安装时建立的头文件默认路径

② Library directories：C:\TC\LIB　　安装时建立的库函数文件默认路径

③ Output directory：C:\TC\TC　　安装时建立的存放输出文件的默认路径

④ Turbo C directory：C:\TC　　安装时建立的默认路径（当前工作文件夹）

如果第③项的路径为空，则输出文件就会自动保存到当前工作文件夹中。

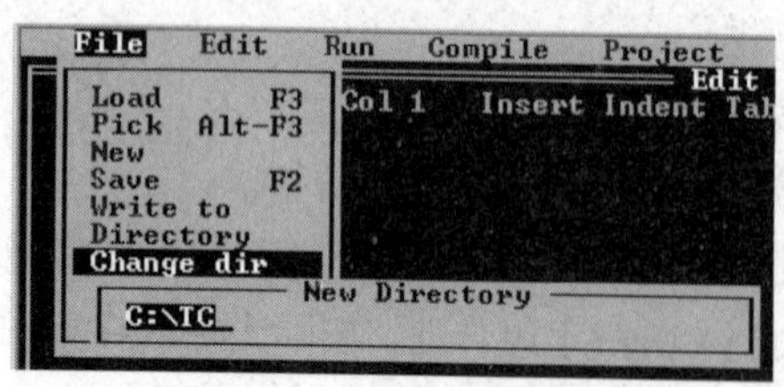

图 12-5　新目录对话框

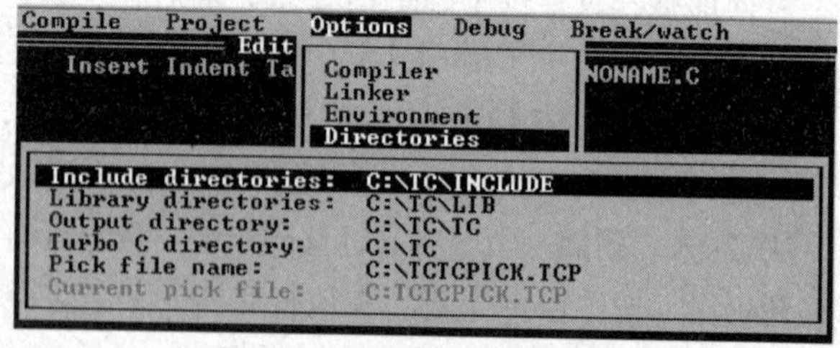

图 12-6　设置工作路径窗口

例如，将默认安装的 TC 文件夹从 C 盘移到了 D 盘，则需要将图 12-6 窗口中各行的 C:改成 D:。方法是：在图 12-6 所示的窗口中用【↑】和【↓】键选择各行（该行以反向显示）后按【Enter】键，出现图 12-7 所示的对话框。

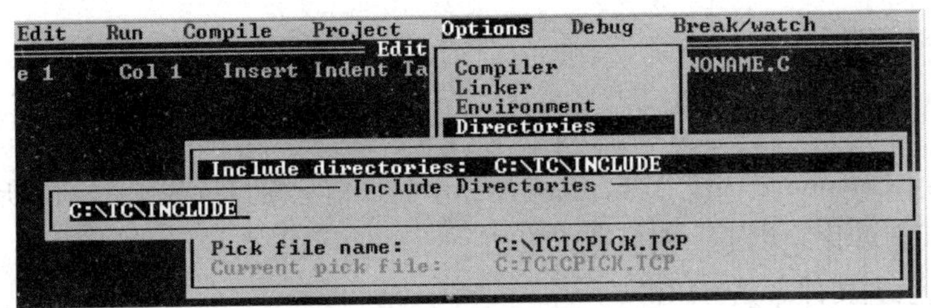

图 12-7　修改路径对话框

将 C:改成 D:后按【Enter】键，图 12-7 所示对话框消失。各行都修改完成后，按【Esc】键取消图 12-6 所示窗口。

在进行了以上设置后，还必须把这些信息保存到配置文件中去。保存的方法是选择 Options | Save options 命令，就会弹出一个对话框，如图 12-8 所示。

同样将 C:改成 D:后按【Enter】键，又弹出对话框，如图 12-9 所示。

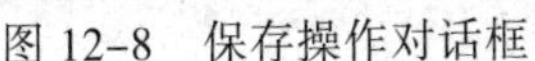
图 12-8　保存操作对话框

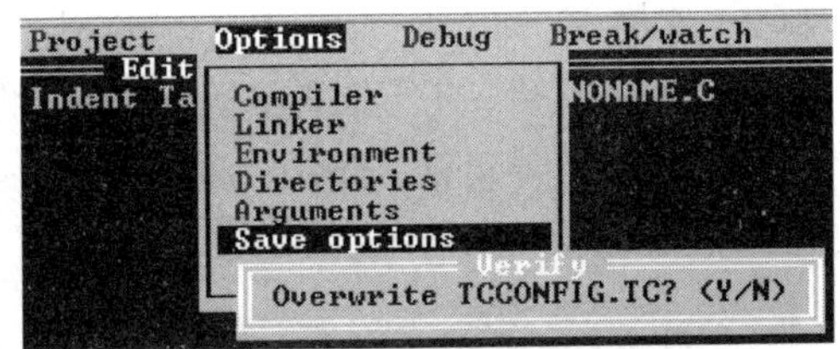

图 12-9　保存操作提示框

按【Y】键则完成保存。以后再次启动 Turbo C 时，系统会自动查找 TCCONFIG.TC 文件，并按其中的设置进行工作。

一般来说，不必每次上机前都重新设置配置文件，因为机房管理员已经根据需要设置好了，学生可以查看，不要修改。只要建立自己的文件夹，并在进入 TC 后将它改变为当前工作文件夹即可。

12.5　C 程序的编译、连接和运行

编辑好源程序并存盘后，应当对源程序进行编译、连接和运行。在 Turbo C 集成环境中，进行编译、连接和运行是十分方便的，既可以将编译、连接和运行分 3 个步骤分别进行；也可以将编译和连接合起来作为一步进行，然后再运行；还可以将编译、连接和运行三者合在一起一次完成。既可以对单个文件的程序进行编译、连接和运行，也可以一次对由多个文件组成的程序进行编译、连接和运行。

12.5.1　编译、连接和运行单文件 C 程序

1. 分三步进行编译、连接和运行

【例 12.1】已经将下面的程序编辑并保存到文件 C1.C 中。

```
void main()
{ int a;
  float b;
  scanf("%d",&a);
  b=a/5.0;
```

```
  printf("%f\n",b);
}
```

（1）编译

选择 Compile | Compile to OBJ 命令，会弹出一个编译信息窗口，如图 12-10 所示。

编译信息窗口告知用户以下一些信息：

① 第一行表示主文件名是 C1.C。

② 第二行表示正在编译的是文件 C1.C。

③ 下面几行表示编译时行数为 7 行，Warnings（警告）为 0 次，Errors（错误）为 0 次。

④ 倒数第二行表示占用的有效存储空间为 299 KB。

⑤ 最后一行表示编译成功（Success），请用户按任意键以便继续。

编译成功生成目标文件 C1.OBJ，系统自动将其保存到配置文件 TCCONFIG.TC 所指定的输出文件夹中。

（2）连接

有了目标文件后，还不能直接运行，还要将目标文件与系统提供的库函数和头文件等连接成一个可执行文件才能运行。选择 Compile | Make EXE file 命令（或按【F9】键），会弹出一个连接信息窗口，如图 12-11 所示。

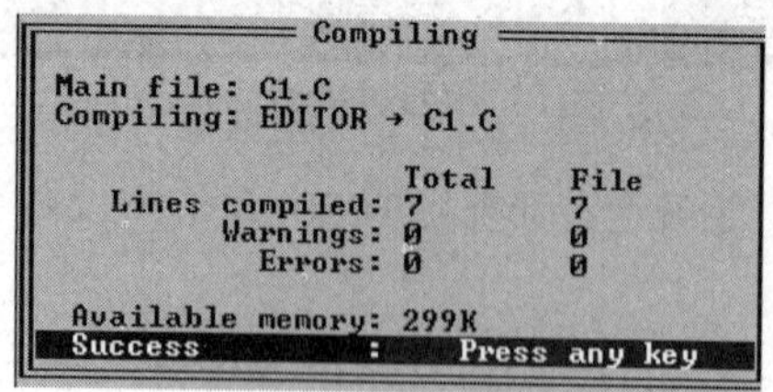

图 12-10 编译信息窗口

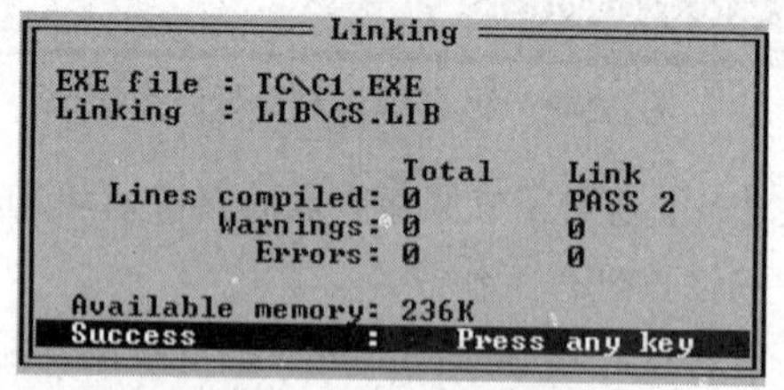

图 12-11 连接信息窗口

连接信息窗口告诉用户：连接后生成的可执行文件名为 C1.EXE，将目标文件与 LIB 子文件夹中的库文件 CS.LIB 进行连接，在连接过程中未出现警告和错误，连接成功，接任意键以便继续。系统自动将 C1.EXE 保存到配置文件 TCCONFIG.TC 所指定的输出文件夹中。

（3）运行

① 在 TC 集成环境中运行。选择 Run | Run 命令（或按【Ctrl+F9】组合键）运行程序。若程序中有 scanf 语句，显示切换到用户屏，要求输入数据，待用户从键盘上输入数据并按【Enter】键，运行结束结果留在用户屏，返回 TC 主窗口。如果想看运行结果，选择 Run | User screen 命令（或按【Alt+F5】组合键），将切换到用户屏，看过运行结果后，按任意键返回 TC 主窗口。

② 在操作系统环境中运行。找到存放输出文件的文件夹（默认安装时，输出文件夹为 C:\TC\TC），双击可执行文件 C1 即可运行。

2. 分两步进行编译、连接和运行

（1）一次完成编译和连接

对编辑存盘的源程序文件，直接选择 Compile | Make EXE file 命令（或按【F9】键），同样会弹出图 12-11 所示的连接信息窗口，说明完成了编译和连接。生成的目标文件 C1.OBJ 和可执行文件 C1.EXE 系统同样自动保存。

（2）运行

方法同上。

3．编译、连接和运行一次完成

直接按【Ctrl+F9】组合键。实际上，【Ctrl+F9】组合键不仅仅是运行命令，而是包括编译、连接和运行的集成命令。因此，在编辑窗口完成一个源程序的编辑后，如果经过检查认为没有错误，可直接按【Ctrl+F9】组合键，Turbo C 将一次完成从编译、连接到运行的全过程。这是运行 Turbo C 程序最简便最常用的方法。如果在编译或连接中有错，就会弹出信息窗口显示出错信息，此时可进行修改，然后再按【Ctrl+F9】组合键重新编译、连接，如果没有错误就会自动运行。

如果出错信息太多，弄不清楚错误出在哪个阶段，可像上面那样分步进行。

12.5.2　编译、连接和运行多文件 C 程序

如果一个源程序包含多个源文件（扩展名为.C），则应当对各文件分别进行编译，得到多个目标文件（扩展名为.OBJ），然后将这些目标文件以及库函数、头文件等连接成一个可执行文件（扩展名为.EXE），然后运行。

Turbo C 提供了对多文件程序进行编译和连接的简便方法，是将这些文件组成一个“项目”。为此要建立一个“项目文件”，在该文件中包含各文件的名字，然后将该项目文件进行编译和连接，就可以得到可执行文件.EXE。

【例 12.2】有一个程序包含两个源文件，分别为 PROG1.C 和 PROG2.C。

PROG1.C 代码如下：

```
void main()
{ int a,b,c,d;
  printf("a,b,c=");
  scanf("%d,%d,%d",&a,&b,&c);
  d=max(a,b);
  printf("MAX=%d\n",max(d,c));
}
```

PROG2.C 如下：

```
int max(int x,int y)
{  if(x>y)return x;  else return y;}
```

具体操作步骤如下：

（1）编辑项目文件

在 Turbo C 编辑窗口中，输入各源文件的名字（若不在当前文件夹，须指定路径）。选择 File | Write to 命令将文件保存，文件名为 PROG.PRJ。PROG 是用户自己指定的名字，扩展名必须用.PRJ，表示是项目文件，PRJ 是 project（项目）的缩写，如图 12-12 所示。

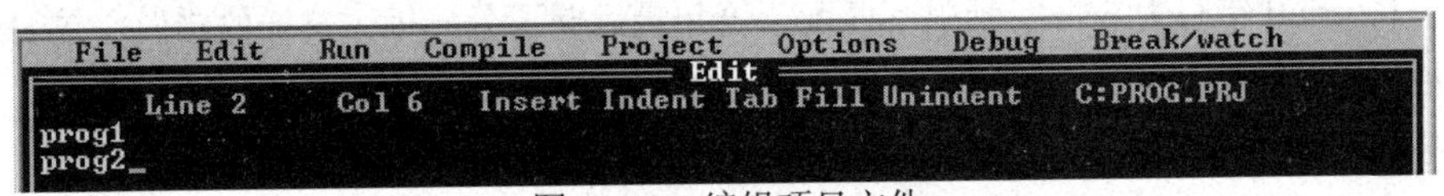

图 12-12　编辑项目文件

（2）指定当前项目文件

选择 Project | Project name 命令，出现项目名对话框，如图 12-13（a）所示。输入已经编辑

并保存的项目文件名（如 PROG.PRJ）并按【Enter】键，则该项目文件被指定为当前文件，如图 12-13（b）所示。按【Esc】键取消菜单。

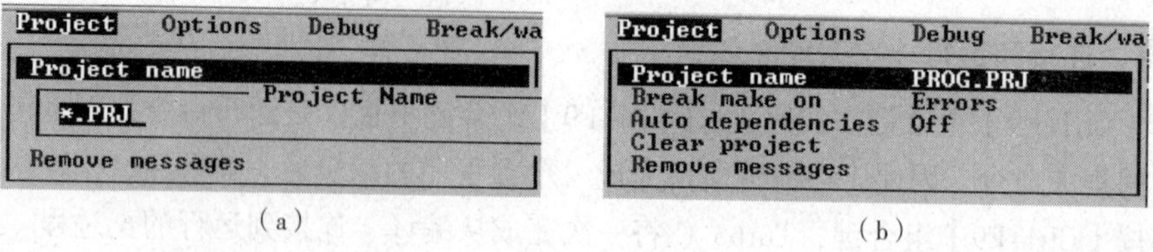

图 12-13 指定当前项目文件

（3）编译、连接和运行项目文件

按【Ctrl+F9】组合键，对指定的项目文件进行编译和连接，生成两个目标文件 PROG1.OBJ 和 PROG2.OBJ、一个可执行文件 PROG.EXE，同时运行可执行文件。

（4）清空项目

选择 Project | Clear project 命令，则图 12-13（b）中 Project name 后面的项目名为空。这个操作非常重要，因为在选择 Make EXE file 命令进行编译连接，或按【Ctrl+F9】组合键进行编译、连接和运行时，系统首先在 Project name 中查找有无指定项目文件（.PRJ 文件）。如果有则系统优先处理该项目中的文件，而不是处理编辑窗口中的文件。

12.6 程序的测试与调试

12.6.1 关于程序的测试与调试

编写程序时出错是很正常的，即使是经验丰富的程序员，也无法完全避免错误。程序中的错误常被称为 bug（虫子）。程序中有 bug，小则可能导致程序运行不稳定或结果不正确，大则可能使操作系统崩溃。

程序测试是指“为了发现程序中的错误而执行程序的过程”。有时需要设计测试方案，好的测试方案是尽可能发现程序中可能存在的错误。

程序调试是指“进一步找到出错的原因并改正错误的过程”。调试（Debug）是程序设计中必不可少的环节，俗话说“三分编程，七分调试”，足见程序调试的工作量和重要性。程序调试需要在实践中积累经验，掌握技巧。

一般来说程序的错误可以分为两种：语法错误和逻辑错误。

1. 语法错误

语法错误是由于“不符合 C 语言的语法规定”而导致的，在程序编译的过程中会被发现，并在编译后给出错误提示。

例如，将 printf 错写为 print、括弧不匹配、语句最后漏了分号等。这样的错误会在编译时被发现，并通过编译信息窗口的 Errors（错误）指出，不改正是不能通过编译的。

对一些在语法上有轻微毛病不影响程序运行的问题，如定义了变量但始终未使用等，编译信息窗口会发出 Warning（警告），但是程序能通过编译。

好的程序设计习惯应该是：将程序中所有导致“错误”和“警告”的因素都排除，然后再运行程序。

2. 逻辑错误

逻辑错误是指“程序无语法错误，编译连接成功，但是不能正常运行，或能正常运行而结果不对”的情况。这类错误可能是设计算法时的错误，也可能是编写程序时出现疏忽所致。计算机无法检查出逻辑错误。

如计算公式写错，或本应该写成“x+y”却写成“x-y”等，这在语法上没有任何错误，编译时是无法发现的，但计算结果肯定出错。

可以根据程序能否正常运行、运行结果是否符合要求来判断程序中是否存在逻辑错误。若存在，如果是算法有错，则应先修改算法，再修改程序；如果算法正确而程序写得不对，则直接修改程序。

12.6.2　一般的测试与调试方法

1. 程序编译后的调试

源程序编辑完成后，按【F9】键进行编译和连接，屏幕上出现编译信息窗口，给出语法错误信息，即“错误”和“警告”的个数。值得注意的是：

① “警告”和“错误”是不一样的。警告是编译器认为可能有问题，但仍旧可以执行，编译成功；错误是编译器发现程序有问题，没有办法执行，编译不成功，不能生成目标文件和可执行文件，必须修改后再重新编译、连接。

② 有时系统并不能很准确地“定位”错误所在位置，所给出的“定位”是系统发现错误的位置。一般来说，错误就在给定位置附近，多数在给定位置之前，可能在本行，也可能在前一行或前几行。

③ 一个错误可能会产生若干条出错信息。这对于初学者来说可能是个打击，但不必紧张，经常是改掉一个错误，就会大量地减少出错提示。一般第一条信息最能反映错误的位置和类型，先修改它，然后立即编译，再观察出错信息。若还有错误，再修改再编译，即修改一处编译一处。

为了说明问题，举一个最简单的例子。

【例 12.3】假设已将下面的程序输入到编辑窗口。

```
void main()
{ int a,b=2;
  float x;
  a=5
  x=a/b;
  printf("%f\n",x);
}
```

按【F9】键进行编译和连接，屏幕上出现编译信息窗口，提示有 1 个错误、3 个警告。按任意键显示窗口如图 12-14 所示。

可见在编译信息窗口中给出了出错信息，第 2 行告诉我们源程序第 5 行有错，内容是：“Statement missing ; in function main”（主函数中语句缺少分号），同时编辑窗口的第 5 行以反向显示，并给出错误“定位”（红方块）。

经查找可见第 4 行末尾缺少分号。为什么会显示是第 5 行缺少分号呢？这是由于编译系统在检查第 4 行时，发现语句末尾没有分号，但这时还不能判定该语句有错，因为 C 语言允许把一个语句分写在多行上。因此，接着检查第5行，当检查点的内容与第4行作为一个语句且语法有错时，才判定错误原因是语句缺少分号，但此时的检查位置已是第5行了，因此所报行数为第5行。

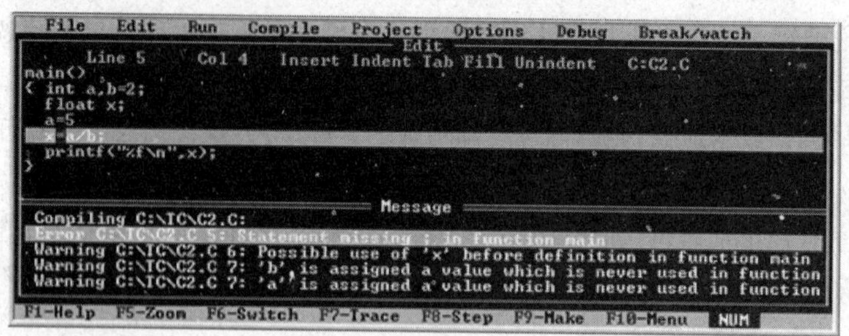

图12-14 编译连接出错信息窗口

按【F6】键（或【Enter】键）激活编辑窗口，修改后再按【F9】键，“警告”信息消失（说明这些“警告”是由第一个错误导致的），编译连接成功。

2．程序运行后的测试

（1）“编译连接成功，程序能正常运行，但结果不正确”的逻辑错误

对上面的例子，按【Ctrl+F9】组合键运行程序后，显示停在编辑窗口，再按【Alt+F5】组合键切换到用户屏，可见运行结果为：x=2.000000。

假如你的预期是x=2.5，为什么结果取整数呢？原因是a和b都是整型变量，在C语言中两个整型数相除结果为整型。解决办法：只要将其中一个变量的类型强制转换成实型即可，即将编辑窗口中第5行改为：

```
x=(float)a/b;
```

若想输出结果保留一位小数，修改输出语句为：

```
printf("x=%.1f\n",x);
```

然后，按【Ctrl+F9】组合键重新编译、连接、运行，就会得到预期结果。

（2）“编译、连接通过，但是不能正常运行”的逻辑错误

【例12.4】假设下面的程序已编辑完成，并用文件名C1.C存盘。题目要求是：输出1～100之间的累加和。

```
void main()
{ int i,s;
  s=0;i=1;
  while(i<=100)
    s=s+i;
  printf("s=%d\n",s);
}
```

若按【F9】键编译、连接成功。按【Ctrl+F9】组合键运行，可见显示停在用户屏，无输出结果；按任意键不能返回编辑窗口。

事实上这时程序仍然在运行，处在“死循环”状态。按【Ctrl+Break】组合键可以中断程序运行，并返回编辑窗口，弹出对话框，如图12-15所示。

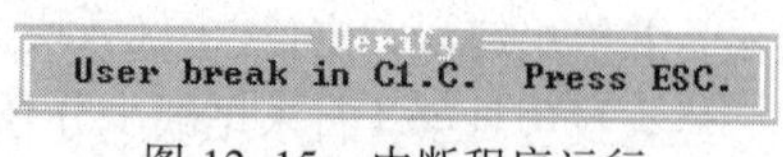

图12-15 中断程序运行

提示用户中断在 C1.C，按【Esc】键，编辑窗口如图 12-16 所示。

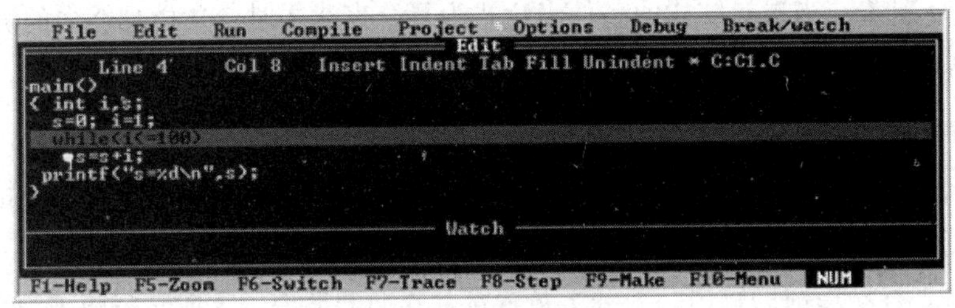

图 12-16　显示断点

颜色条覆盖的语句就是断点，选择 Run | Program reset 命令（或按【Ctrl+F2】组合键）使程序复位。分析程序可知，while 循环中没有修改循环条件（i<=100）的成分，i 值总是 1，（i<=100）永远成立，所以导致死循环。将第 4、5 两行修改成：

```
while(i<=100)
  { s=s+i;i++; }
```

然后，按【Ctrl+F9】组合键重新编译、连接、运行，就会得到预期结果。

3. 程序测试方案的设计

当程序中有输入的时候，编译、连接成功，能正常运行，也得到了正确结果，仍然可能有逻辑错误。

【例 12.5】假设下面的程序已编辑完成。题目要求是“输入任意 3 个整数，输出其中最大的数”。

```
void main()
{ int a,b,c,max;
  printf("a,b,c=");
  scanf("%d,%d,%d",&a,&b,&c);
  if(a>b) max=a;
  max=b;
  if(c>max) max=c;
  printf("max=%d\n",max);
}
```

按【F9】键编译、连接后，既无错误也无警告。设计 3 组测试数据，分别让最大数处于第一、第二和第三的位置。运行 3 次，分别输入每组数据，结果如图 12-17 所示。

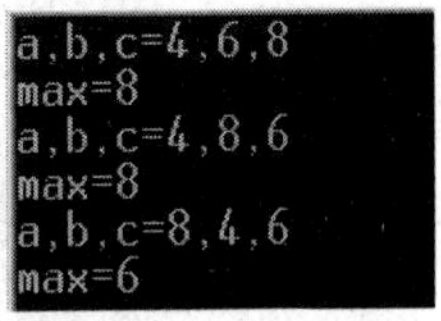

```
a,b,c=4,6,8
max=8
a,b,c=4,8,6
max=8
a,b,c=8,4,6
max=6
```

图 12-17　测试结果

可见，前两组数据结果正确，但第 3 组数据结果错误。说明程序中有逻辑错误。

仔细分析程序发现，问题出在第 5 行和第 6 行，即如果 a>b 则 max=a，然后继续执行 max=b，max 中的 a 被 b 覆盖，从而导致当 a 最大时出错。将第 5 行和第 6 行改为：

```
if(a>b) max=a;
else max=b;
```

重新编译、连接和运行，错误得到纠正。

由此可见，设计合理的测试数据非常重要。设计测试方案的方法很多，主要是测试数据要有一定的覆盖面，要考虑到各种情况。常用的覆盖标准有：

① 语句覆盖：选择足够多的测试数据，使被测程序中每条语句至少执行一次。

② 分支覆盖：选择足够多的测试数据，使选择结构的每个分支都至少执行一次。

③ 条件组合覆盖：当选择结构的条件表达式为复合表达式时，选择足够多的测试数据，使得条件中的各种可能组合都至少出现一次。

12.6.3　程序动态调试方法

当程序较大、算法比较复杂时很容易出现逻辑错误，这种错误也较难发现和改正。常用单步跟踪和设置断点等调试技术，这样可以观察当程序执行到指定位置时，其执行情况（如某些变量或者表达式的值、程序当前的输出结果等）是否符合我们的期望。下面介绍两种动态调试方法。

1. 按步执行方法（单步跟踪）

这种方法的特点是：程序一次执行一行。每执行完一行后，就停下来，用户可以检查此时各有关变量和表达式的值，以便发现问题所在。

对例 12.5 用按步执行法跟踪程序的运行情况，检查每一步的正确性，找出产生错误的语句（仍以导致出错的第三组测试数据为例）。为了描述清楚，为程序加上行号。

```
1  void main()
2  { int a,b,c,max;
3    printf("a,b,c=");
4    scanf("%d,%d,%d",&a,&b,&c);
5    if(a>b) max=a;
6       max=b;
7    if(c>max) max=c;
8    printf("max=%d\n",max);
9  }
```

选择 Run | Trace into 命令（或按【F7】键）开始运行，可以看到在编辑窗口中源程序的第 1 行用绿色条显示，表示准备进入 main()函数。同时可以看到屏幕下部的 Message 窗口变成了 Watch 窗口，它是用来观察数据的，如图 12-18 所示。

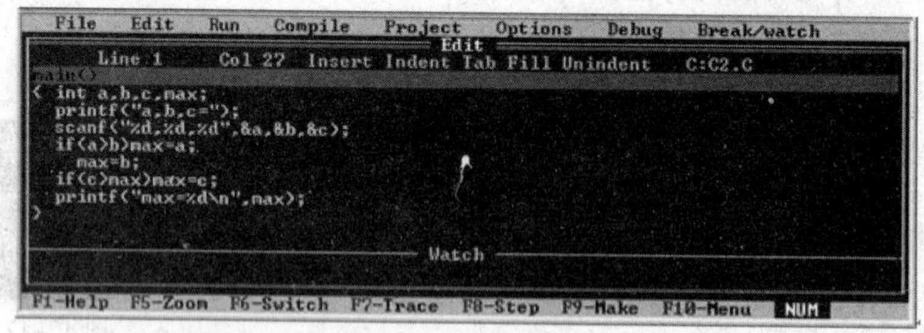

图 12-18　开始跟踪

再按一次【F7】键，颜色条移到程序的第 3 行（第 2 行是变量的定义，不是执行语句，故被跳过），表示已进入了 main()函数，但并未开始执行语句，只是表明下一步要执行此行。再按一次【F7】键，颜色条移到第 4 行，然后按【Alt+F5】组合键切换到用户屏，可见：

```
a,b,c=
```

表明第 3 行 printf 语句已执行。按任意键返回编辑窗口，再按一次【F7】键，执行第 4 行，由于该行是 scanf 语句，需要输入数据，所以切换到用户屏，输入：

```
8,4,6↙
```

屏幕显示切换到编辑窗口，颜色条移到第 5 行，表示第 4 行已执行完毕。再按一次【F7】键，颜色条移到第 6 行，表示第 5 行已执行。此时，可以检查一下变量 max 的值是否正确。

选择 Break/watch | Add watch 命令（或按【Ctrl+F7】组合键），在编辑窗口中出现一个 Add watch（观察数据）的输入框。在框内输入变量名 max 并按【Enter】键，该输入框消失，在屏幕下部的 Watch 窗口显示出 max 的当前值是 8，如图 12-19 所示。

如果还想查其他变量的值，需要重新按【Ctrl+F7】组合键，并在 Add watch 框内输入要查的变量名并按【Enter】键，就可在 Watch 窗口看到该变量的值。

```
  File   Edit   Run   Compile   Project   Options   Debug   Break/watch
                                  Edit
      Line 6      Col 27   Insert Indent Tab Fill Unindent    C:C2.C
main()
{ int a,b,c,max;
  printf("a,b,c=");
  scanf("%d,%d,%d",&a,&b,&c);
  if(a>b)max=a;
    max=b;
  if(c>max)max=c;
  printf("max=%d\n",max);
}
                                  Watch
•max: 8
 F1-Help  F5-Zoom  F6-Switch  F7-Trace  F8-Step  F9-Make  F10-Menu   NUM
```

图 12-19　检查变量 max 的值

继续按【F7】键，颜色条移到第 7 行，表示第 6 行已执行。此时，Watch 窗口如图 12-20 所示。

```
  File   Edit   Run   Compile   Project   Options   Debug   Break/watch
                                  Edit
      Line 6      Col 1   Insert Indent Tab Fill Unindent * D:NONAME.C
main()
{ int a,b,c,max;
  printf("a,b,c=");  scanf("%d,%d,%d",&a,&b,&c);
  if(a>b)max=a;
  max=b;
  if(c>max)max=c;
  printf("max=%d\n",max);}
                                  Watch
•max: 4
 F1-Help  F5-Zoom  F6-Switch  F7-Trace  F8-Step  F9-Make  F10-Menu   NUM
```

图 12-20　变量 max 的值随程序变化

显然，原来 max 中的 8 被 4 覆盖，而 4 不是当前最大的，错误就出在这里。

找到错误后，选择 Run | Program reset 命令（或按【Ctrl+F2】组合键）使程序复位。然后，修改程序，重新编译、连接和运行，再分析运行结果，直到无误为止。

注意：

① 在 Add Watch 框内可以输入变量名，此时 Watch 窗口显示该变量的值；也可以输入表达式，此时 Watch 窗口显示该表达式的值。

② 每按一次【Ctrl+F7】组合键，只能输入一个变量名或一个表达式。

以上通过一个简单的例子详细地介绍了如何使用【F7】键和【Ctrl+F7】组合键，实现按步执行程序、对程序进行动态调试的方法。实际上，对简单的程序可以先阅读源程序查错，实在查不出再采用按步执行的方法。

2. 设置断点方法

按步执行法能有效地、一行一行地检查怀疑有问题的数据的值，但是如果程序很长，逐行检查太费时间。常用的方法是在程序中设若干个断点（断点就是在程序运行过程中可以停下来的语句行），当程序执行到断点时暂停，用户可以检查此时有关变量或表达式的值。如果未发现错误，就使程序继续执行，到下一个断点再检查。这种方法实质上是把一个程序分割成几个分区，逐区检查有无错误，这样就可以将找错的范围从整个程序缩小到一个分区。再在该分区内设若干个断点，或在该分区内按步执行。

设置断点的方法是：将光标移到某一行上，选择 Break/watch | Toggle breakpoint 命令（或按【Ctrl+F8】组合键），此行就以红色条覆盖，作为断点行。如果想取消断点行，则将光标移到断点行上，再按一次【Ctrl+F8】组合键，颜色条消失，断点取消（若断点较多，想全部取消，可以选择 Break/watch | Clear all breakpoints 命令）。运行时遇到断点行暂停，此时用户可以用前面介绍过的方法（按【Ctrl+F7】键）查看有关变量和表达式的值。如果想继续运行，再按一次【Ctrl+F9】组合键即可。

下面通过一个简单的程序介绍如何用设置断点的方法进行程序调试。

【例 12.6】题目要求：解一元二次方程 $ab^2+bx+c=0$ 的两个实根。

设方程的实根为 x1 和 x2，则：

$$x1 = p+q, \quad x2 = p-q \quad （其中：p=\frac{-b}{2a}, \quad q=\frac{\sqrt{b^2-4ac}}{2a}）$$

假设下面的程序已编辑完成：

```
1  #include "math.h"
2  void main()
3  { float a,b,c,disc,p,q,x1,x2;
4    printf("a,b,c=");
5    scanf("%f,%f,%f",&a,&b,&c);
6    disc=b*b-4*a*c;
7    p=-b/(2*a);
8    q=sqrt(disc)/(2*a);
9    x1=p+q;
10   x2=p-q;
11   printf("x1=%d,x2=%d\n",x1,x2);
12 }
```

按【F9】键编译、连接成功，既无错误又无警告。按【Ctrl+F9】组合键运行程序结束，按【Alt+F5】组合键切换到用户屏发现输出为 x1=0,x2=0。这显然不对。

为了找出逻辑错误，用设置断点的方法进行调试，过程如下：

（1）设置断点

先分析程序，猜想可能出错的语句，确定要查看的变量或表达式。例如，想观察 disc 和 x1 的值，则将计算该值的下一行设为断点（此时该值已计算完毕），即将第 7 行和第 10 行设为断点。光标先后移到这两行上，并按【Ctrl+F8】组合键，这两行就被红色条覆盖。

（2）观察变量

按【Ctrl+F9】组合键运行程序，执行到 scanf 语句时，切换到用户屏，输入 a、b、c 的值。假设输入：

```
1,2,1↙
```

程序继续执行到第一个断点行暂停，断点行被绿色条覆盖。按【Ctrl+F7】组合键，出现 Add watch 输入框，输入变量名 disc，在 Watch 窗口显示出“disc：0.0”。根据数学知识，判别式 $disc=b^2-4ac$ 大于或等于 0 时有两个实根。现在 disc=0，方程应有两个相等的实根。到目前为止，并未发现程序有错误。再按【Ctrl+F9】组合键使程序继续运行，到第二个断点暂停。此时，再按【Ctrl+F7】

组合键查看 x1 的值，从 Watch 窗口可以看到“x1：-1.0”。这是正确的。

（3）单步执行

若想继续查看 x2 的值，可以执行单步跟踪操作，按【F7】键，绿色条覆盖第 11 行，表明第 10 行执行完毕。按【Ctrl+F7】组合键查看 x2 的值，从 Watch 窗口可以看到“x2：-1.0”。这也是正确的。

可见计算结果没有问题，问题出在输出格式上，xl 和 x2 是实数，但用了%d 格式符，所以出现错误。

（4）终止调试

如果在调试过程中发现了问题，就可以结束本次调试。按【Ctrl+F2】组合键使程序复位，即终止本次调试。然后，修改程序，重新编译、连接，再次运行或调试。

将 printf()函数中的%d 改为%f，再运行程序，输出为：

```
x1=1.000000,x2=1.000000
```

结果完全正确。

3. Debug 菜单提供的调试工具

在用按步执行方法或设置断点方法找错的过程中，还可以使用 Turbo C 的 Debug 菜单提供的调试工具。选择 Debug | Evaluate 命令（或按【Ctrl+F4】组合键），不仅可以查看有关变量和表达式的值，还可以修改它们的值，以帮助用户调试程序。选择 Debug | Call stack 命令（或按【Ctrl+F3】组合键），可以查看函数的调用关系，对带有函数嵌套调用或函数递归调用的程序调试很有帮助。

通过下面的例子简单介绍它们的使用方法。

【例 12.7】程序代码如下：

```
void main()
{ int a=4,b=2,c=0,y1,y2;
  y1=fun1(a,b);
  y2=fun1(a,c);
  printf("y1=%d\ny2=%d\n",y1,y2);
}
int fun1(int m,int n)
{ int x,y,z;
  x=m/n;
  y=m*n;
  z=fun2(x,y);
  return z;
}
int fun2(int x,int y)
{ int z;
  z=x+y;
  return z;
}
```

按【F9】键编译、连接成功，既无错误又无警告。按【Ctrl+F9】组合键运行程序，按【Alt+F5】组合键切换到用户屏可见 Divide error（除法错误）。

用设置断点的方法进行调试。共设置 3 个断点，如图 12-21 所示。

第 1 个断点行（y2=fun1(a,c);）用于观察第一次函数调用结果 y1 的值；第 2 个断点行（y=m*n;）用于观察除法运算 x 的值；第 3 个断点行（return z;）用于观察函数的调用关系。

```
 File   Edit   Run   Compile   Project   Options   Debug   Break/watch
                              Edit
     Line 10     Col 2   Insert Indent Tab Fill Unindent    C:C2.C
main()
{ int a=4,b=2,c=0,y1,y2;
  y1=fun1(a,b);
  y2=fun1(a,c);
  printf("y1=%d\ny2=%d\n",y1,y2);
}
int fun1(int m,int n)
{ int x,y,z;
  x=m/n;
  y=m*n;
  z=fun2(x,y);
  return z;
}
int fun2(int x,int y)
{ int z;
  z=x+y;
  return z;
}
                              Watch
F1-Help  F5-Zoom  F6-Switch  F7-Trace  F8-Step  F9-Make  F10-Menu   NUM
```

图 12-21　设置 3 个断点

按【Ctrl+F9】组合键运行程序，执行到第 2 个断点行暂停（因为 main()函数执行到语句行 y1=fun1(a,b);时，调用 fun1()函数）。按【Ctrl+F7】组合键，出现 Add watch 输入框，输入变量名 x，Watch 窗口显示 x 值为 2，本次除法运算没有错误。

再按【Ctrl+F9】组合键继续运行程序，执行到第 3 个断点行暂停（因为 fun1()函数调用了 fun2()函数）。若想观察函数的调用关系，选择 Debug | Call stack 命令（或【Ctrl+F3】组合键），弹出函数的调用关系 Call Stack（调用栈）窗口，如图 12-22 所示。

最先调用的函数在栈底，最后调用的函数在栈顶。即 main()函数调用 fun1()函数，fun1()函数又调用 fun2()函数。

再按【Ctrl+F9】组合键继续运行程序，执行到第 1 个断点行暂停（因为 fun2()函数返回到 fun1()函数，fun1()函数又返回到 main()函数），按【Ctrl+F7】组合键，查看变量 y1 值为 10，结果正确。

第一次调用包含除法运算的 fun1()函数没错，那么问题一定错在第二次调用（因为一共调用两次 fun1()），所以可单步执行跟踪程序。按【F7】键，绿色条停在 fun1()函数首行上，准备进入 fun1()函数。再按【F7】键，绿色条停在程序行 x=m/n;上，准备执行该语句。再按【F7】键，绿色条消失（正常应该停在下一行上），说明此时 x=m/n;语句有错。选择 Debug | Evaluate 命令（或按【Ctrl+F4】组合键），弹出窗口中出现 3 个框，分别为：Evaluate（需求值的变量或表达式）、Result（求出的结果）、New value（赋予的新值）。在 Evaluate 框中输入除数 n 并按【Enter】键，Result 框中显示 n 的值为 0，如图 12-23 所示。

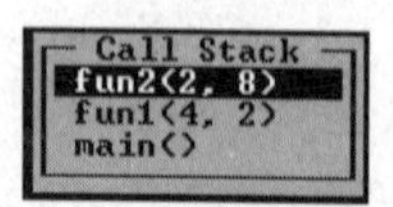

图 12-22　函数调用关系窗口

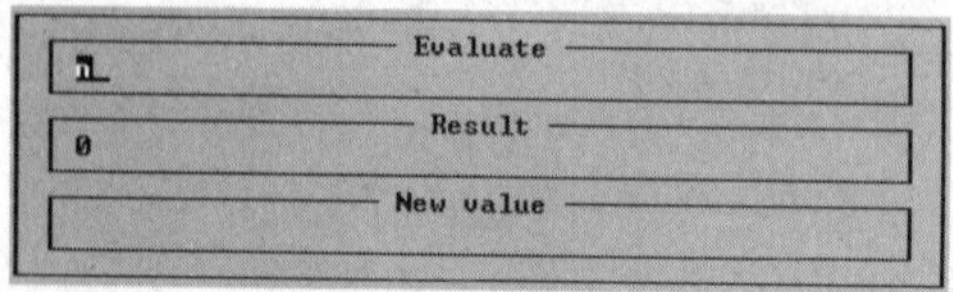

图 12-23　调试对话框

由于除数为零所以程序输出 Divide error 错误信息。可以按【Ctrl+F2】组合键使程序复位，即终止本次调试，然后修改程序，重新编译、连接，再次运行或调试。还可以在 New value 框中给 n 赋予新值，让程序继续执行（注意：在调试过程中改变变量的值，只在本次运行中有效，程序运行结束后就不起作用了）。

动态调试程序比较麻烦，简单程序不一定用动态调试。此处只是通过它说明如何运用调试工具。

第 13 章　Visual C++使用简介

Visual C++是 Microsoft 公司提供的基于 Windows 平台的软件开发工具，支持面向对象的程序设计方法，支持 MFC 类库编程，有功能强大的集成开发环境，可用来开发各种类型、不同规模的应用程序。利用 Visual C++的强大开发环境及各种开发工具，可以方便地开发 C 语言程序。

下面对 Visual C++6.0 集成开发环境，及在此环境下开发 C 语言程序的方法做一个初步的介绍。

13.1 Visual C++ 6.0 集成开发环境

Visual C++ 6.0 是 Microsoft Visual Studio 套装软件的一个组成部分，在"开始"菜单中，选择"程序"|"Microsoft Visual Studio 6.0"|"Microsoft Visual C++ 6.0"命令，启动 Visual C++ 6.0。

Visual C++ 6.0 包括以下主要的组件：

- Editor（编辑器）：用来输入、浏览以及修改 C++源代码。
- Compiler（编译器）：用来将 C++代码编译成目标代码。
- Linker（连接程序）：用来连接目标代码和库模块以生成可执行文件。
- 库：它提供一些预先写好的模块，可以包含在编写的程序中。Microsoft 基本类库（MFC）是最重要的库。
- 其他一些工具：包括应用程序向导、类向导及资源向导等。

Visual C++ 6.0 可视化集成开发环境（名为 Developer Studio）把所有的工具集中在一起，通过该环境可以方便地观察和控制整个开发过程。

Developer Studio 采用标准的多窗口 Windows 用户界面，如图 13-1 所示。

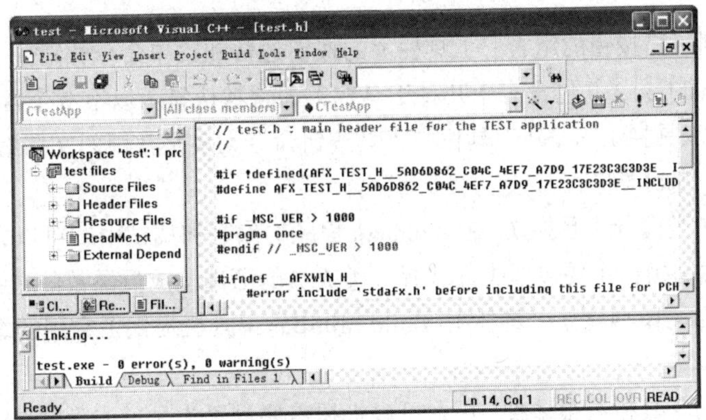

图 13-1　典型的 Developer Studio 用户界面

Developer Studio 用户界面由标题栏、菜单栏、工作区窗口、编辑窗口、输出窗口和状态栏等组成。

1. 重要子窗口

Developer Studio 用户界面包括 3 种重要子窗口：

（1）工作区窗口（Workspace）

工作区窗口显示在屏幕的左边，主要显示有关项目的信息，包括类信息、资源信息、文件管理等，有助于管理具有多个源文件的大程序。

（2）编辑窗口（Editor）

编辑窗口显示在工作区窗口的右边，是用户进行输入、编辑的主要区域。用户可以通过编辑窗口编辑头文件、源文件、资源等各种文件。

（3）输出窗口（Output）

输出窗口显示在屏幕的下部，主要用来显示有关编译和调试的信息以及查找结果等。

2. 菜单栏

Developer Studio 的菜单栏由 File（文件）、Edit（编辑）、View（视图）、Insert（插入）、Project（项目）、Build（创建）、Tools（工具）、Windows（窗口）及 Help（帮助）等菜单组成。开发环境大部分的功能操作都是通过菜单来完成的。

① File（文件）：含对文件、项目、工作区及文档进行文件操作的相关命令或子菜单。

② Edit（编辑）：除了常用的剪切、复制、粘贴命令外，还有为调试程序设置的 Breakpoints（断点）命令，完成设置、删除、查看断点等功能。

③ View（视图）：主要用来改变窗口和工具栏的显示方式、检查源代码、激活调试时所用的各个窗口等。

④ Insert（插入）：主要用于项目和资源的创建和添加。

⑤ Project（项目）：主要用于项目的一些操作，如新建项目、向项目中添加源文件等。

⑥ Build（创建）：用于编译、连接和执行应用程序。

⑦ Tools（工具）：主要用于选择和定制开发环境中的一些实用工具或者更改选项等。

3. 工具栏

工具栏是一系列工具按钮的组合。工具栏上的按钮通常和菜单命令相对应，提供一种常用命令的快捷方式。Visual C++ 6.0 包含有十几种工具栏，通常默认显示以下 3 个常用的工具栏：

① Stand（标准工具栏）：Stand 工具栏中工具按钮命令大多是常用的文档编辑命令，如新建、保存、撤销、恢复、查找等。

② Wizard Bar（类向导工具栏）：在 Windows 程序的编写和调试中，可以方便地选择类和类的成员函数。工具栏的操作主要包括类的选择、类成员的筛选、成员函数的选择和动作切换等。

③ Build MiniBar（微型建立工具栏）：Build MiniBar 工具栏提供了常用的编译、连接、执行等操作命令。

Visual C++ 6.0 的工具栏有很多种，用户可以根据需要设置为显示或隐藏，也可以根据自己的爱好和习惯进行定制。显示和隐藏工具栏的最直接方法是在菜单或工具栏的空白处右击，然后在弹出的菜单中选择相应的工具栏。

13.2 项目和工作区

要在 Visual C++ 6.0 环境下开发一个 C/C++程序，首先必须了解项目和工作区的含义。

1. 项目

一个 Windows 程序通常包含多个源代码文件以及菜单、工具栏、对话框、图标等资源文件，这些文件都纳入应用程序的项目（Project，也称为工程）中。

项目是 Visual C++编程中的一个基本概念，定义为一个配置和一组文件，用以生成最终的程序或二进制文件。也就是说，通常每一个项目对应所开发的一个应用程序，是程序所包含的全部文件的集合。所以，要开发一个 C/C++程序，必须建立一个项目。

Visual C++的项目以项目文件的形式存储在磁盘上，项目文件的扩展名为.dsp。

2. 工作区

工作区（Workspace）是一个包含用户的所有相关项目和配置的实体。一个工作区可以包含多个项目，这些项目既可以是同一类型的项目，也可以是不同类型的项目（如 Visual C++和 Visual J++项目）。

Developer Studio 一次只能打开一个工作区，通过对工作区的操作，可以显示、修改、添加、删除项目中的文件。

工作区文件用于描述工作区及其内容，扩展名为.dsw。

3. 工作区窗口

Developer Studio 工作区以窗口形式来组织文件、项目和项目配置，显示有关项目的信息，包括类信息、资源信息、文件管理等。

工作区窗口包含 3 种视图：ClassView（类视图）、ResourceView（资源视图）及 FileView（文件视图），单击工作区底部的标签可以从一个视图切换到另一个视图。

每个视图都是按层次方式组织的。可以展开文件夹和其中的项查看其内容，或折叠起来查看其组织结构。在视图中，如果一项不可以再展开，那么它是可编辑的。双击这一项便可以打开相应的编辑器进行编辑：对于类和源程序文件来说，是打开文本编辑器，对于对话框来说是打开对话框编辑器等。每个视图还支持右键快捷菜单。

（1）FileView（文件视图）

FileView 用于显示当前工作区中各项目之间的包含关系和项目中所包含的所有文件。将项目中的所有文件分类显示，包括头文件、源文件、资源文件、外部连接文件等文件夹及全局文件、链接库等内容，如图 13-2 所示。经常使用 FileView 完成以下操作功能：

- 定位：双击某个文件名或图标就可以打开相应的源程序编辑窗口。
- 添加文件：在项目中添加文件有多种方法，在这里可以通过在文件列表上右击，弹出快捷菜单，其中含有 Add File to Project（添加文件到项目）命令，可以完成添加文件的任务。
- 删除文件：从项目中删除文件很简单，用鼠标在 FileView 中选择要去掉的文件，按【Delete】键即可把这个文件从项目列表中去掉。

（2）ClassView（类视图）

ClassView 显示项目中定义的 C++类。展开文件夹显示项目中所定义的所有类，展开类可查看类的数据成员和成员函数以及全局变量、函数和类型定义，如图 13-3 所示。

（3）ResourceView（资源视图）

ResourceView 显示项目中所包含的资源文件。资源是 Windows 环境下构成程序界面的成分，包括菜单、工具栏、图标、对话框等。展开文件夹可显示所有的资源类型，如图 13-4 所示。

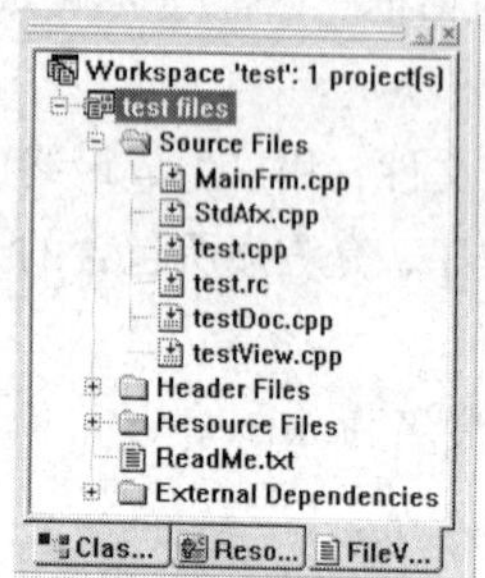

图 13-2 FileView（文件视图）

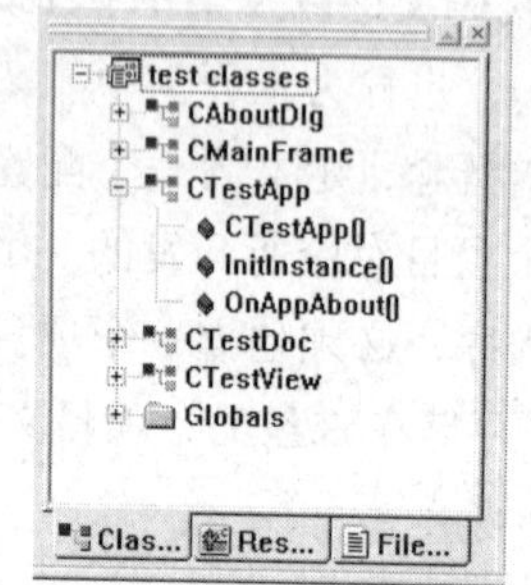

图 13-3 ClassView（类视图）

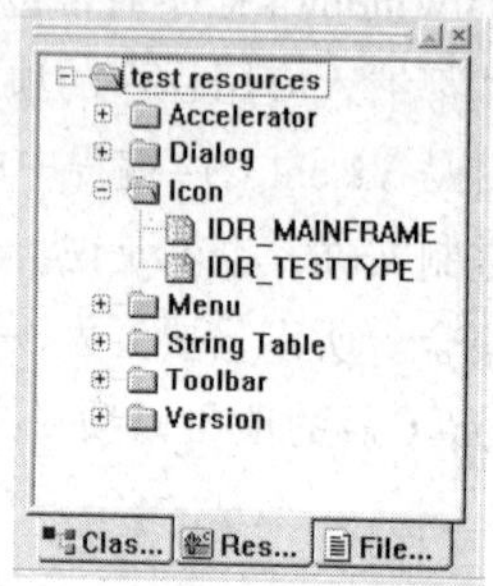

图 13-4 ResourceView（资源视图）

13.3 如何创建并组织文件、项目和工作区

Developer Studio 提供了一个简单的对话框，用以创建项目、工作区、文件和其他文档。选择 File | New 命令，弹出 New（新建）对话框，如图 13-5 所示。

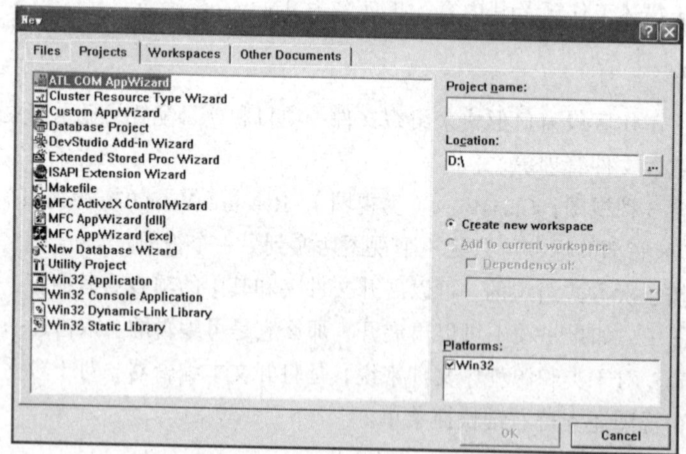

图 13-5 New（新建）对话框

1. 新建项目

在新建一个项目时，可以把它加入到一个已有的工作区中，或同时创建一个新的工作区。如果加项目到一个已有的工作区中，则可以将该项目设为已有项目的子项目。

提示：Developer Studio 以项目名字来区分项目，所以要求每一个新建的项目必须有一个独一无二的名字，这样才能确保 Developer Studio 的工作区可以包含位于不同位置的项目。

项目名有多个用途。首先，在项目编译后，该名字就是可执行文件的名字。其次，该名字还作为自动创建项目文件时存放项目文件的文件夹名字；第三，Visual C++ 6.0 创建项目的时候，会使用项目名字来构造类的名字。

要新建一个项目，可以：

① 在 New 对话框中，选择 Projects 选项卡。

② 从列表框中选择项目类型。

③ 选择 Create new workspace（新建工作区）或 Add to current workspace（加入到当前工作区中）单选按钮。

④ 要使新项目为子项目，可以选择 Dependency of 复选框，并从下拉列表框中选择一个项目。

⑤ 在 Project name 文本框中输入新项目名，确保该名字必须与工作区中别的项目名字不重名。

⑥ 在 Location 文本框中，指定项目存放的目录，可以直接输入路径名，也可以单击旁边的"…"按钮，浏览选择一个路径。

⑦ 选择 Platforms 文本框中的相应复选框，指定项目的开发平台。

输入完以上内容并单击 OK 按钮后，根据所选的项目类型，会出现相应的 Wizard（向导）。通过一系列的对话框输入，快速生成项目的框架。

2. 新建工作区

可以在新建项目的同时指定创建一个新的工作区，工作区文件名与该项目名相同，扩展名为.dsw。也可以创建一个空的（不含任何项目）工作区。

要创建一个空的工作区，可以：

① 在 New 对话框中，选择 Workspaces 选项卡。

② 从类型列表框中选择 Blank workspace（空项目）。

③ 在 Workspace name 文本框中输入名字，注意名字不能与它将要包含的项目同名。

④ 在 Location 文本框中指定存放工作区文件的目录。

⑤ 单击 OK 按钮。

3. 新建文件

在 New 对话框中选择 Files 选项卡，通过该选项卡可以创建各种文件，如图 13-6 所示。只要先选中某种文件的类型，再输入文件名称即可。如果要将该文件添加到已有的项目中，只要选中 Add to project 复选框并且选择项目名即可。

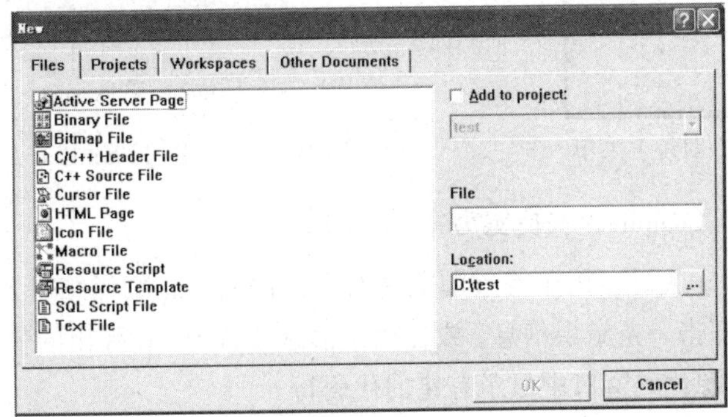

图 13-6　New 对话框的 Files 选项卡

4. 添加已有文件到项目中

如果创建项目时，项目要包含的文件已经存在，那么可以将文件添加到项目中去，方法如下：

① 打开包含目标项目的工作区文件。

② 选择 Project | Add to Project | Files 命令。

③ 在 Insert Files into Project 对话框中，浏览并定位要加入到项目中的文件名，然后选中该文件名。

④ 从 Insert Into 中选择项目名字，然后单击 OK 按钮。

如果工作区已经打开，而且要加入的文件也已打开，那么只要在该文件的编辑器中右击，从快捷菜单中选择 Add to Project 命令，就可以将该文件加入到当前活动项目中。

5. 打开工作区

选择 File | Open Workspace 命令，在弹出的 Open Workspace（打开工作区）对话框中，指定要打开的工作区文件，如图 13-7 所示；或选择 File | Recent Workspaces 命令，从最近打开过的工作区列表中选择一个。

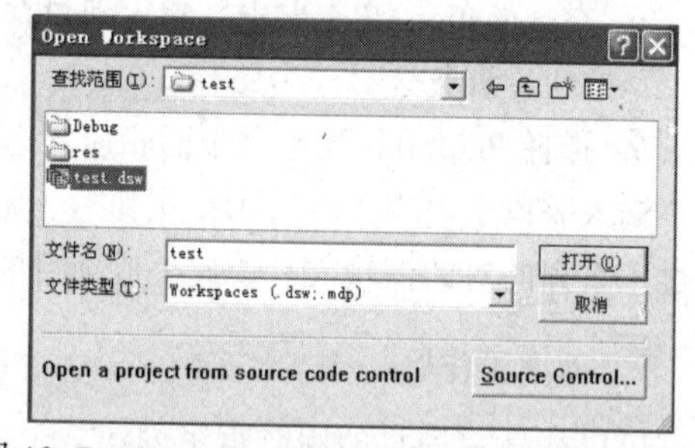

图 13-7 Open Workspace（打开工作区）对话框

13.4 程序的编译、连接和运行

用于编译、连接和调试的功能集中在 Build（创建）菜单中（见图 13-8），但其中多数功能也可通过快捷键和微型建立工具栏调用，如图 13-9 所示。

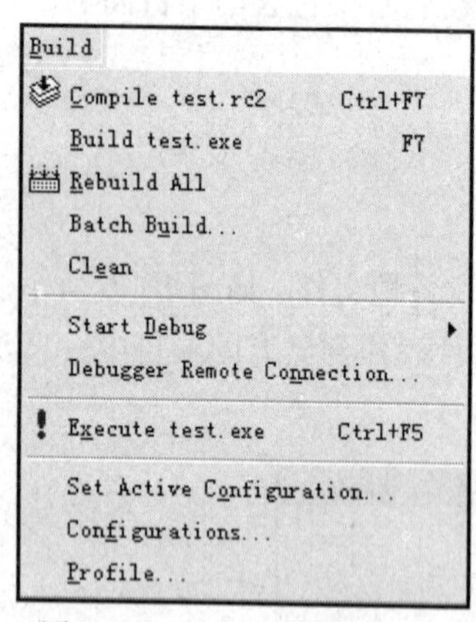

图 13-8 Build（创建）菜单

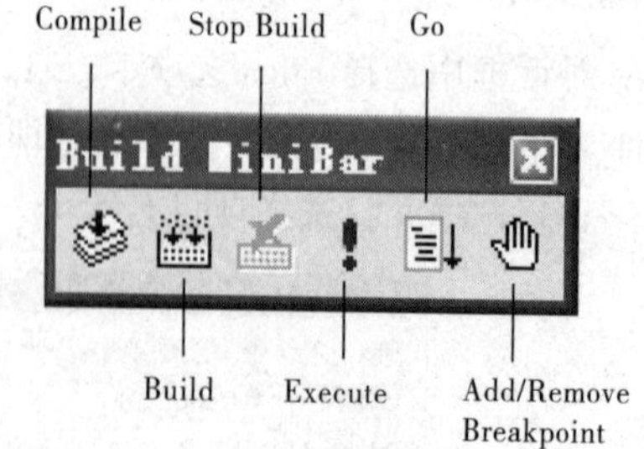

图 13-9 Build MiniBar（微型建立工具栏）

1. 编译当前文件（Compile，快捷键为【Ctrl+F7】）

将源程序编译为目标代码，用于检查源文件有无语法错误，编译结果及编译错误在 Output（输出窗口）中显示。双击一条错误信息，或在错误信息处右击，在弹出的快捷菜单中选择 Go To Error/Tag 命令，就能在源代码窗口中显示有错的代码行。

2．编译、连接当前项目（Build，快捷键为【F7】）

在对当前项目的源程序编译之后，还进行连接（Link）操作，即将目标代码与系统或用户类库连接生成可执行程序（或动态链接库.dll 等）。该选项的特点是查看所有的文件，但只对新修改的文件进行编译和连接，因此速度较快，是编程调试的常用功能。

3．重新编译、连接当前项目（Rebuild All）

该命令的功能与 Build 命令基本相同，只是无论是否修改过，对当前项目的所有文件都重新进行编译和连接操作。

4．以批处理方式编译、连接当前项目（Batch Build）

该命令用于一次创建多个目标项目。功能与 Build 命令基本相同，只是可以同时产生调试版（Win32 Debug）和发行版（Win32 Release）两种可执行程序。

5．清除临时文件（Clean）

该命令用于清除上一次编译、连接时产生的临时文件和输出文件，以整理程序目录。这一功能对释放大量被占用的磁盘空间非常有用。

6．执行程序（Execute，快捷键为【Ctrl+F5】）

该命令用于执行当前项目经编译、连接生成的可执行程序。如果是控制台应用程序，结果在弹出的字符界面窗口中显示；如果是 Windows 应用程序，则应用程序的主窗口覆盖在 Developer Studio 窗口之上。

7．设置项目的版本类型（Set Active Configuration...）

Developer Studio 生成的可执行文件有两种版本：一种是调试版本（Win32 Debug），内含调试代码，体积稍大，主要在编程调试过程中使用；另一种是发行版本（Win32 Release），不含调试代码，体积小，用于在程序调试结束后提交给用户。

13.5 程序的跟踪调试

调试器是 Developer Studio 中功能强大的部件之一，可以帮助程序员找到软件开发中可能遇到的几乎每个错误。

调试器的主要调试手段有设置断点、跟踪和观察。

1．如何使用断点

如果只对程序中的某一段代码进行调试，而对于在它之前的那些程序段不感兴趣，此时就可以设置断点了。设置断点有 3 种方法：

① 将光标移动到需要调试的代码行右击，在弹出的快捷菜单中选择 Insert/Remove Breakpoint 命令。

② 将光标移动到需要调试的代码行，按【F9】键，或单击 Build MinBar 工具栏上的手形图标。

③ 将光标移动到需要调试的代码行，单击主菜单上的 Edit 菜单，选择 Breakpoint 命令，在

弹出的对话框中即可设置断点的位置和一些其他属性。

设置断点后，在代码行的前面，编辑窗口左边框上，出现一个棕色圆点。

当调试程序完成或不需要已有的断点时，在断点处右击，在弹出的快捷菜单中选择 Remove breakpoint 命令，删除断点。

如果调试程序时，有一个断点暂时不需要了，可在断点处右击，在弹出的快捷菜单中选择 Disable breakpoint 命令，使得断点无效。此时，断点变成了一个空心的圆，但并未删除此断点。当需要时在断点处右击，选择 Enable breakpoint 命令，可恢复断点。

2．启动调试器

在 Build 菜单中选择 Start Debug 子菜单，该子菜单包含以下 4 个命令：

- Go：从当前语句开始执行程序直到遇到断点或程序结束。
- Step Into：单步执行程序，并在遇到函数调用时进入函数内部后再单步执行。
- Run To Cursor：调试运行程序时，使程序运行到当前光标所在位置时停止，相当于设置一个临时断点。
- Attach To Process：调试过程直接进入到正在运行的进程中。

单击某一命令后，启动调试器，此时窗口如图 13-10 所示，Debug 菜单将代替 Build 菜单出现在菜单栏中，同时显示 Debug 工具栏，窗口下方出现了两个小的窗口，用来显示程序执行中变量的值。

3．Debug 菜单

在 Debug 菜单中，含有调试过程经常要用到的命令，如图 13-11 所示。

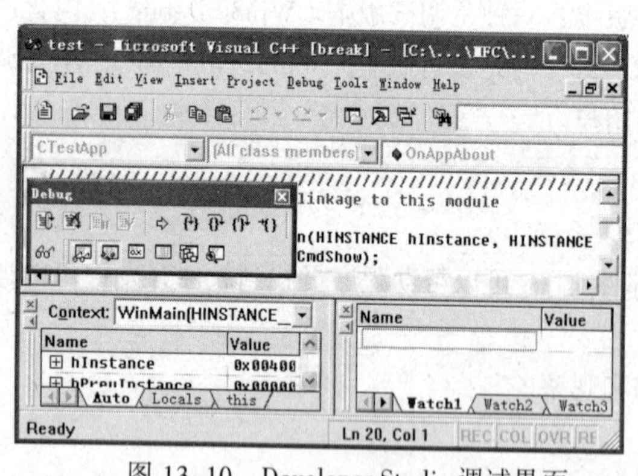

图 13-10 Developer Studio 调试界面

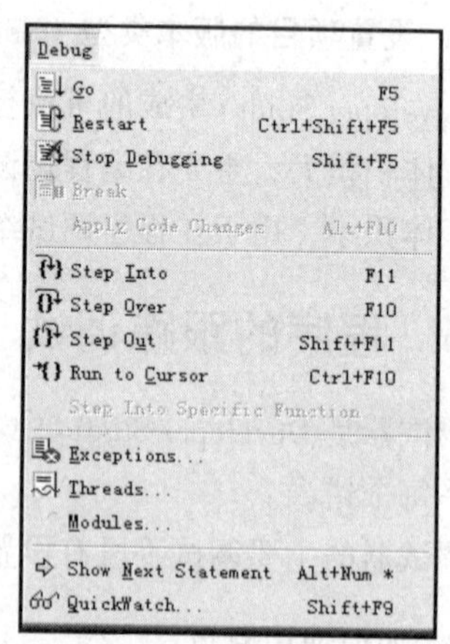

图 13-11 Debug（调试）菜单

- Go：用于在调试过程中，从当前语句启动或继续运行程序。
- Restart：终止当前的调试过程，重新开始执行程序，停在程序的第 1 条语句处（类似 Step Into 命令的结果）。
- Stop Debugging：退出调试器，同时结束调试过程和程序执行过程。
- Break：终止程序运行，进入调试状态。多用于终止一个进入死循环的程序。
- Apply Code Changes：当源程序在调试过程中发生改变时，重新进行编译。

- Step Into：跟踪。如果是一条语句，则单步执行；如果是一个函数调用，则跟踪到函数第一条可执行语句。
- Step Over：单步执行。如果是一条语句，则单步执行；如果是一个函数调用，将此函数一次执行完毕，运行到下一条可执行语句。
- Step Out：从函数体内运行到该函数体外，即从当前位置运行到调用该函数语句的下一条语句。
- Run to Cursor：从当前位置运行到光标处。
- Step Into Specific Function：单步执行选定的函数。
- Exceptions：显示与当前程序有关的所有异常，可以控制调试器如何处理系统异常和用户自定义异常。
- Treads：显示调试过程中的所有线程，可以挂起或恢复线程并设置焦点。
- Modules：显示当前加载的所有模块。
- Show Next Statement：显示下一条语句。
- QuickWatch：查看及修改变量和表达式或将变量和表达式添加到观察窗口。

4. Debug（调试）窗口

为了检查和修改程序中的变量、内存、CPU、寄存器和其他程序数据，Visual C++ 6.0 包含了 6 个特殊的 Debug（调试）窗口，它们仅当程序被运行且被像断点、例外等事件暂停时才使用。

启动了调试器后，选择 View | Debug Windows（调试窗口）中的命令，或通过单击 Debug 工具栏的图标，可以打开以下 Debug 窗口：

- Watch（观察窗口）：用于查看用户指定的变量或表达式的值。
- Call Stack（调用栈窗口）：显示函数调用的参数类型及数值。
- Memory（内存窗口）：用于观察指定内存地址内容。
- Variables（变量窗口）：用于快速访问程序中的一些变量。
- Registers（寄存器窗口）：显示 CPU 寄存器及浮点型堆栈的内容。
- Disassembly（汇编代码窗口）：显示被编译代码的汇编语言形式。

13.6 开发 C 语言程序的方法

在 Visual C++ 6.0 环境下，编写一个字符界面的 C 语言程序，即控制台模式应用程序，通常按以下步骤进行：

① 新建一个控制台模式项目。

② 向项目中加入 C 语言源程序文件，输入并编辑源程序文件代码。

③ 编译、连接，建立一个可执行程序。

④ 调试运行程序。

下面通过一个简单的例子，说明开发一个 C 语言程序的方法与步骤。

1. 创建一个控制台模式项目（Win32 Console Application）

① 选择菜单 File | New 命令，打开 New（新建）对话框。

② 在New对话框中选择Projects选项卡，如图13-12所示，左边的项目列表框列出了Visual C++可为用户创建的各种应用程序类型，从中选择Win32 Console Application选项，创建一个基于控制台的项目。

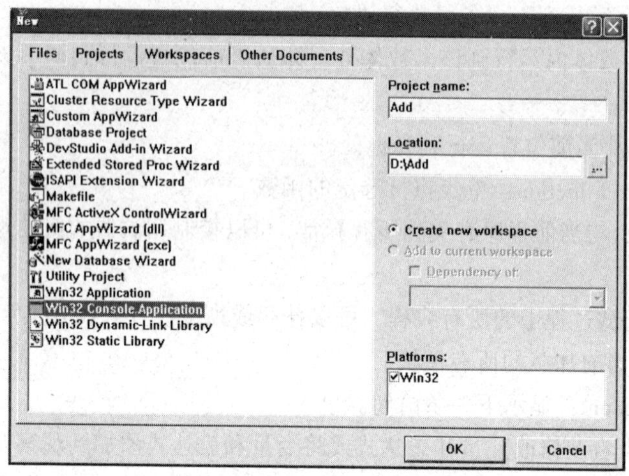

图13-12 New对话框的Projects（项目）选项卡

③ 在右上端的Project name（项目名称）文本框中输入新建项目名：Add；在Location文本框中，显示出在默认文件夹中生成的项目文件夹（与项目同名）路径，可单击"…"按钮指定项目文件夹所在的位置；选择Create new workspace（创建新工作区）单选按钮；最后单击OK按钮。

④ 在弹出图13-13所示的Win32 Console Application对话框中选择An empty project单选按钮，生成一个空白项目，单击Finish按钮。

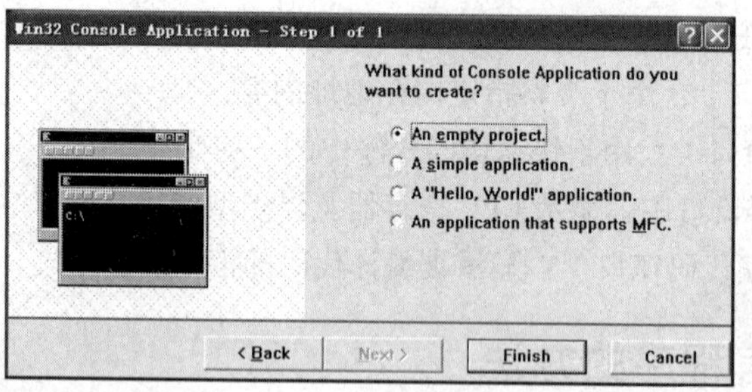

图13-13 Win32 Console Application（控制台项目）对话框

⑤ 在弹出的New Project Information（新项目信息）对话框中，显示将要创建的新项目的基本信息，如图13-14所示，单击OK按钮，系统建立并打开一个空白的项目，如图13-15所示。

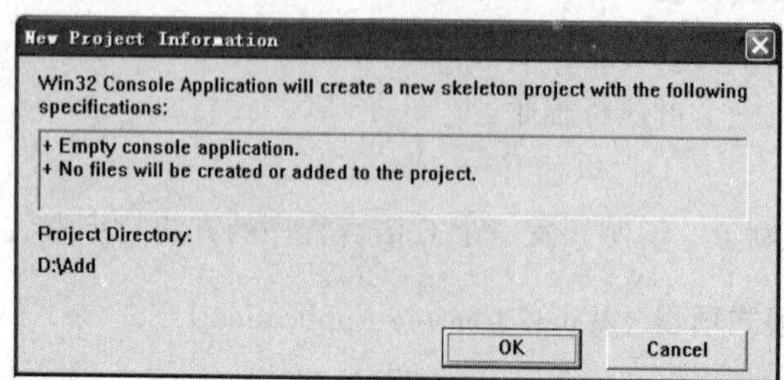

图13-14 New Project Information（新项目信息）对话框

在窗口标题栏中显示项目名，左边中间是工作区窗口，下部是输出区窗口。如果工作区或输出区没有显示出来，可在 View 菜单中选择 Workspace 或 Output 命令。

在工作区下面有两个标签 ClassView 和 FileView。选择 ClassView 选项卡，在工作区中显示该项目中的类、成员和函数；选择 FileView 选项卡，显示组成该项目的程序文件，初始显示"项目名 Files"，单击左边的+，展开显示 Source Files（文件扩展名一般为.cpp）和 Header Files（文件扩展名一般为.h）等。

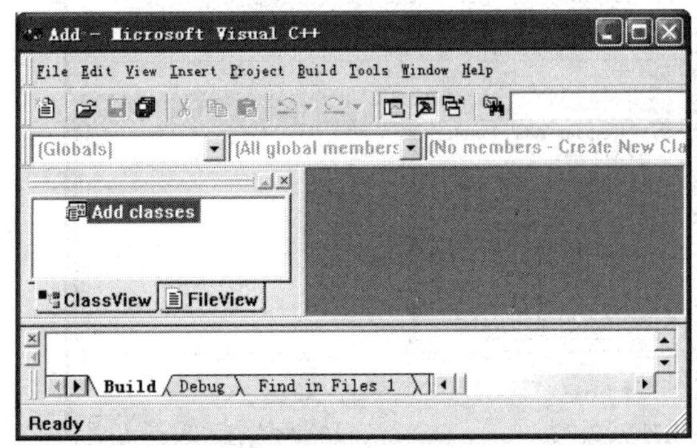

图 13-15　新建空白项目的开发界面

2. 向项目中加入 C 语言源程序文件

初始状态下项目中没有任何源程序文件，接下来要向项目中加入属于该项目的全部源程序文件，一般包括源文件（.cpp）和头文件（.h）。源文件（.cpp）的内容主要是函数的定义和实现；头文件（.h）的内容主要是一些常量的定义和函数的声明等。简单的项目往往只有一个源文件。

① 选择 File | New 命令，或选择 Project | Add to Project | New 命令，打开 New 对话框。

② 在 New 对话框中，选择 Files 选项卡，如图 13-16 所示，在列出的文件类型中选择 C++ Source File（C++源文件）选项。

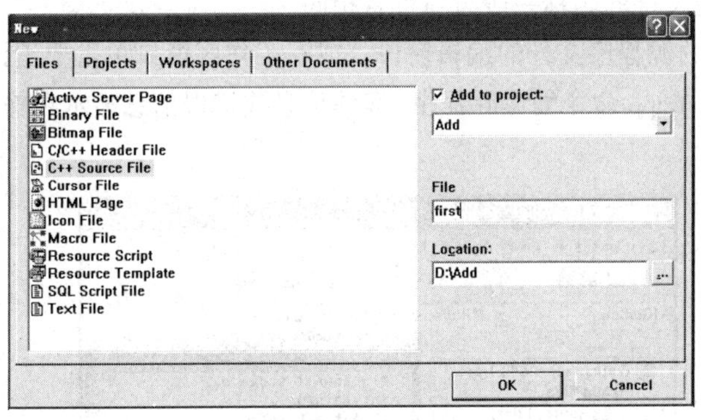

图 13-16　New 对话框的 File（文件）选项卡

③ 在 File 下的文本框中输入新建的文件名：first；确认 Add to project（创建文件到项目中）复选框被选中，在下面的下拉列表框中选择当前项目名（默认设置），单击 OK 按钮，此时系统创建空的源文件 first.cpp，将其加到项目中，并在文本编辑窗口打开，如图 13-17 所示。

④ 在源代码编辑窗口中输入以下源程序：

```
#include <stdio.h>
```

```
int main()
{  int a,b,sum;
   a=111;b=222;
   sum=a+b;
   printf("sum is %d\n",sum);
   return 0;
}
```

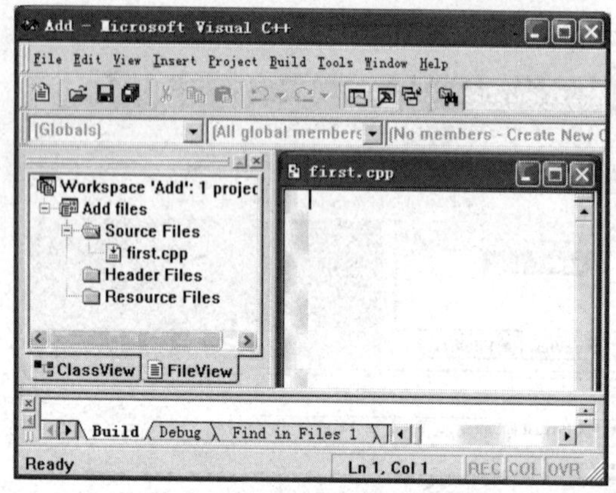

图 13-17 源代码编辑界面

注意：在C++中，main()也必须标明其返回值类型，让main()返回int值，只需返回0即可。

在输入过程中可以使用最大化按钮使源代码窗口变大，使用恢复按钮使源代码窗口恢复为原来的大小。输入的源代码中关键字会以蓝色显示，注解以绿色显示，其他代码以黑色显示。输入或修改源程序完成后，单击工具栏中的Save按钮保存源程序。

3. 编译、连接，建立可执行程序

在运行程序之前，先要将源程序（.cpp）编译，消除其中的语法错误，再通过连接生成可执行文件（.exe），可执行文件的名称一般与项目名相同。

① 先激活要编译的源程序文件的编辑窗口，或在工作区窗口单击要编译的源程序文件名，选择Build | Compile first.cpp命令编译源程序，编译信息或错误信息显示在输出区窗口的Build选项卡，如图13-18所示。

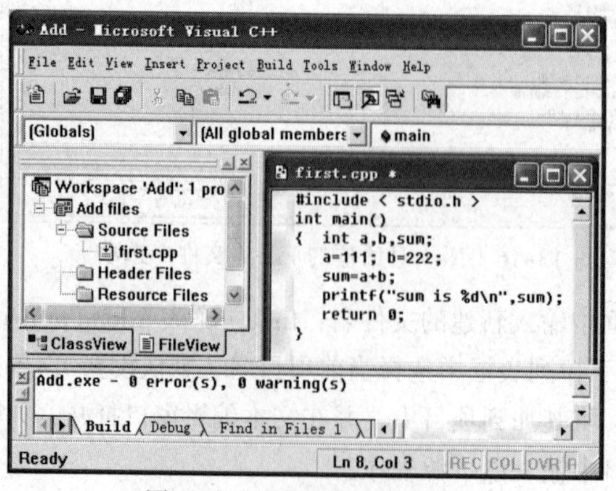

图 13-18 源程序编译界面

② 选择 Build | Build hello.exe 命令，如果没有发生错误，则生成可执行文件的工作完成，显示“0 error(s), 0 warning(s)”。

如果编译器发现了错误，则在输出区的 Build 选项卡中显示有关出错信息，双击出错信息时，在源代码窗口左边的区域显示条中会显示一个蓝色的箭头符号表示出错的位置，如图 13-19 所示。

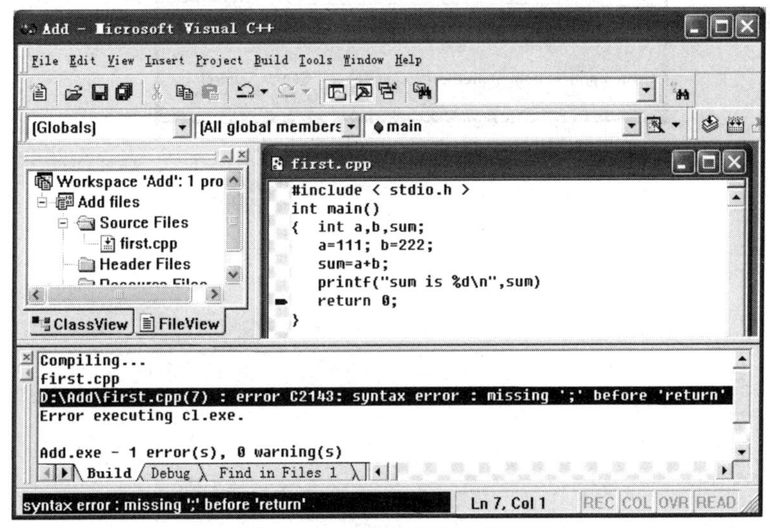

图 13-19 编译错误信息的显示

当错误信息较长时可使用滚动条，当前双击的出错信息也会同时显示在状态栏中，每个出错信息中显示出错的源程序名、行号、错误编号及出错的可能原因（不一定完全精确）。

根据出错提示修改源程序，再次选择 Build 菜单中的 Build hello.exe 命令，直至最终成功建立可执行程序。

前两步可以并成一步执行，直接选择 Build | Build hello.exe 命令，创建可执行程序。

4. 运行程序

① 选择 Build | Execute hello.exe 命令，或单击 Build MiniBar 工具栏上的 Execute Program 按钮，即可运行程序，运行后输出结果：sum is 333，显示在 DOS 窗口中，如图 13-20 所示。

图 13-20 程序运行结果

② 查看结果后，按任意键结束程序运行，返回 Developer Studio 主窗口。

5. 打开已有项目

选择 File | Open Workspace 命令，打开对话框，如图 13-21 所示，找到项目所在工作区的文件夹，选择工作区文件 Add.dsw，单击“打开”按钮，即可在开发环境中打开此项目，然后可根

据需要修改项目中的源程序或运行程序。

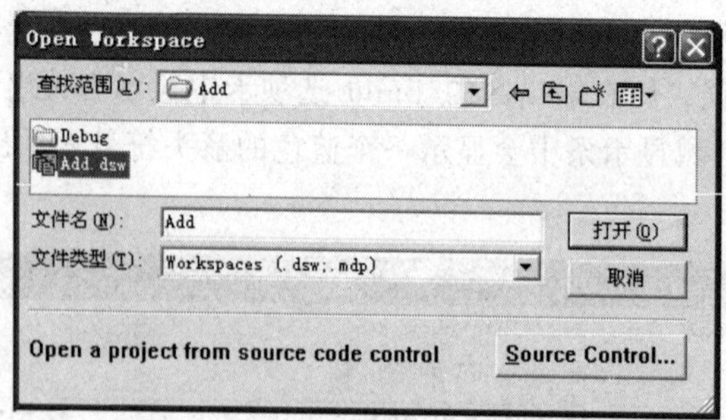

图 13-21 打开工作区对话框

第三部分　C 语言程序设计上机实验

第 14 章　实验目的与要求

14.1　上机实验的目的

程序设计是一门实践性很强的课程，必须十分重视实践环节，保证有足够的上机实验时间，最好能做到上机时间与授课时间之比为 1∶1。由于课内上机时间一般较少，所以除了教学计划规定的上机实验必上以外，还提倡学生课余时间多上机实践。

学习程序设计课程不能满足于能看懂书上的程序，而应当熟练地掌握程序设计的全过程，即独立编写出源程序，独立上机调试程序，独立运行程序和分析结果。上机实验绝不仅仅是为了验证教材和讲课的内容，其目的是：

1. 了解和熟悉 C 语言程序开发的环境

一个程序必须在一定的外部环境下才能运行，所谓“环境”，就是指所用的计算机系统的硬件和软件条件。每一种系统的功能和操作方法不完全相同，但只要熟练掌握一两种系统的使用方法，就可以举一反三。

2. 加深对课堂讲授内容的理解

一些语法规定是 C 语言的重要组成部分，光靠课堂讲授，既枯燥无味又难以记住，通过多次上机实践，就能自然而熟练地掌握；一些基本算法对于初学者来说也可能很抽象，通过上机运行，可以理解其奥妙，掌握其技巧。

3. 学会上机调试程序

善于发现并纠正程序中的错误，使程序能正确运行。经验丰富的人，在编译连接过程中出现“出错信息”时，一般能很快地判断出错误所在，并改正。而缺乏经验的人即使在明确的“出错提示”下也往往找不出错误而求助于别人。有些经验只能“意会”难以“言传”，仅靠教师的讲授是不够的，还必须亲自动手实践。调试程序的能力是程序设计人员的基本功，是自己实践的经验累积。

此外，在做实验时，当程序正确运行后，不要急于做下一个题，应当在已通过的程序基础上做一些改动（例如，修改一些参数、增加一些功能、改变输入数据的方法等），从多个角度完善程序，再进行编译、连接和运行，以观察和分析所出现的情况。要积极思考，主动学习。

14.2 上机实验的基本要求

1. 实验前的准备工作

为了提高上机实验的效率，上机实验前必须了解所用系统的性能和使用方法（若用 Turbo C，请详细阅读第 12 章；若用 Visual C++ 6.0 请参考第 13 章），事先做好准备工作，内容至少应包括：

① 复习和掌握与本实验有关的教学内容。

② 准备好上机所需的程序。手编程序应书写清楚，并经过阅读检查确认无误。初学者切忌不编程序或抄别人程序去上机，应从一开始就养成严谨的科学作风。

③ 对运行中可能出现的问题应事先做出估计；对程序中自己有疑问的地方，应作上记号，以便在上机时给予注意。

④ 准备好调试和运行时所需的数据（即设计测试方案）。

⑤ 写出实验预习报告（内容包括：实验题目、编写好的程序、可能存在的问题和测试数据）。

2. 实验中的操作步骤

① 调出 C 编译系统，进入 C 语言工作环境。

② 输入自己编好的源程序。检查已输入的程序是否有错，如发现有错，则及时改正。

③ 进行编译和连接。若有语法错误，屏幕上会出现“出错信息”，根据提示找到出错位置和原因，加以改正，再进行编译……如此反复，直到顺利通过编译和连接为止。

④ 运行程序并分析运行结果。若不能正常运行或结果不正确，则说明有逻辑错误，经过调试、修改，再转步骤③；直到得出正确运行结果为止。

⑤ 输出程序代码和运行结果（若无打印条件，要记录下调试后的源程序和运行结果）。

⑥ 若还有时间，应尽可能在调试后的程序中补充增加一些功能，以提高自己的实践能力。

上机过程中出现的问题，一般应自己独立处理，不要轻易问教师。尤其对“出错信息”，应善于自己分析判断，学会举一反三。这是学习调试程序的良好机会。

3. 实验后的分析整理

作为实验的总结，需分析整理出实验报告。实验报告应包括以下内容：

① 实验题目。

② 程序代码（计算机打印出的程序代码，或认真抄写的调试后的程序代码）。

③ 运行结果（必须是上面程序代码所对应的输出结果）。

④ 对运行情况所做的分析以及本次调试程序所取得的经验。如果程序未能通过，则应分析其原因。

第 15 章　上机实验的内容

实验 1　编辑、编译、连接并运行一个 C 程序的方法

1. 实验目的

① 了解所用系统的基本操作方法，学会独立使用该系统。

② 了解在该系统上如何编辑、编译、连接和运行一个 C 程序。

③ 通过运行简单的 C 语言程序，理解 C 语言的数据类型、运算符和表达式。

2. 预习内容

① 本书的第 13 章。

② 主教材第 1 章、第 2 章（重点：数据类型与数据运算）。

3. 实验内容

任务 1：参考本书第 13 章中 13.6 介绍的方法，输入下面的程序并运行它。熟悉一个程序的编辑、编译、连接、运行的过程。

```
#include "stdio.h"
void main()
{  printf("************************\n");
   printf("Thls is a C program.\n");
   printf("************************\n");
}
```

任务 2：编辑一个简单的程序，并运行。

```
#include "stdio.h"
void main()
{ int a;
  float b;
  a=12;
  b=a/5.0;
  printf("%f\n",b);
}
```

任务 3：输入如下程序，编译、连接并运行。根据运行结果理解程序的功能。

```
#include "stdio.h"
void main()
{ char c1,c2;
  c1='a';c2='B';
```

```
  c1=c1-32;c2=c2+32;
  printf("%c,%c\n",c1,c2);
  printf("%d,%d\n",c1,c2);
}
```

任务 4：阅读下面的程序，写出其运行结果。然后，上机输入并运行，验证结果是否正确。

```
#include "stdio.h"
void main()
{ int i,j,m,n;
  i=8;j=10;
  m=++i;n=j--;
  printf("%d,%d,%d,%d\n",i,j,m,n);
}
```

实验 2　顺序结构程序设计

1. 实验目的

① 进一步熟悉 Visual C++6.0 环境；熟练掌握程序的编辑、编译、连接和运行的过程。

② 掌握各种类型数据的输入/输出方法，能正确使用各种格式控制符。

③ 掌握程序设计的过程，能进行基本的程序设计。

2. 预习内容

主教材第 3 章（顺序结构程序设计）。

3. 实验内容

任务 1：掌握不同类型变量的存储范围、各种格式控制符的正确使用方法。

① 输入下面的程序，运行并分析结果。

```
#include "stdio.h"
void main()
{ int a,b;
  char c1,c2;
  a=61;b=62;
  c1='a';c2='b';
  printf("a=%d,b=%d\nc1=%c,c2=%c\n",a,b,c1,c2);
}
```

② 将 5、6 行的赋值语句改用 scanf()函数输入数据，按步骤①的数据输入，使输出与步骤①输出相同。语句如下：

```
scanf("%d,%d,%c,%c ",&a,&b,&c1,&c2);
```

运行时，注意数据输入格式。

任务 2：编写程序，用 getchar()函数读入两个字符给 c1 和 c2，然后分别用 putchar()函数和 printf()函数输出这两个字符，再输出这两个字符的 ASCII 码。

任务 3：编写程序，输入有两个实根的一元二次方程的系数 a、b、c，求方程的根（如 a=1, b=3,c=2 时，x1=-1.00,x2=-2.00）。

课外任务 1：编写程序，输入能构成三角形的 3 条边长 a、b、c，用海伦公式求三角形的面积（如 a=3,b=4,c=5 时，面积 s=6.00）。

课外任务 2：编写程序，输入一个十六进制的数，实现左循环移位。

提示：左移位是高位移出的丢失，低位补 0；左循环移位是将高位移出的补到低位。

实验 3　选择结构程序设计

1．实验目的

① 进一步熟悉 Visual C++6.0 环境。

② 了解 C 语言逻辑量的表示方法（判断时，0 为“假”，非 0 为“真”；表示时，0 代表“假”，1 代表“真”）。

③ 熟练掌握 if 语句和 switch 语句的用法。

④ 掌握选择结构的程序设计方法。

2．预习内容

① 主教材第 4 章（选择结构程序设计）。

② 编写出各任务中要求的程序，自己阅读认为可行；准备好测试数据。

3．实验内容

任务 1：输入一个字符到变量 ch 中，如果是字母则输出 “char”，否则输出“other”。

提示：输入的字符是字母，即 ch>='A' && ch<='Z' || ch>='a' && ch<='z'。

任务 2：有一函数：

$$y=\begin{cases} x & x<1 \\ 2x-1 & 1\leqslant x<10 \\ 3x-11 & x\geqslant 10 \end{cases}$$

用 scanf()函数输入 x 的值，求 y 值。

提示：

① 注意数学表达式 1⩽x<10 用逻辑表达式的表示方法。

② 至少运行 3 次，输入 x 的值分别满足 x<1、1⩽x<10、x⩾10 这 3 种情况，检查输出的 y 值是否正确。

任务 3：给出一个百分制成绩，要求输出成绩等级 A、B、C、D、E。90 分以上为 A，80～89 分为 B，70～79 分为 C，60～69 分为 D，60 分以下为 E。要求：

① 用 if 语句实现。运行程序，并检查结果是否正确。

② 用 switch 语句实现。运行程序，并检查结果是否正确。

提示：注意测试数据的设计要包含各种情况，尤其是特殊情况（如 100）。

课外任务 1：编写程序，输入 3 个数，看是否能作为三角形的 3 条边长，若能，则计算并输出三角形的面积，否则输出“No”。

课外任务 2：参考本书第 12 章中 12.6.3 的介绍，实践程序动态调试的方法中“按步执行”法。

实验 4 循环结构程序设计（1）

1. 实验目的

① 掌握 while 语句、do…while 语句和 for 语句的一般形式。

② 掌握常用的循环控制方法。

③ 掌握程序设计中的常用方法（如累加、累乘、计数）。

2. 预习内容

① 教材第 5 章（循环结构程序设计）。

② 编写出各任务中要求的程序，自己阅读认为可行；准备好测试数据。

3. 实验内容

任务 1：求 sum=$\sum_{i=1}^{n} i$（即求 1+2+3+…+n）。

要求：① 程序设计时，从键盘上输入 n 的值。

② 可以修改程序，尝试求解奇数的和、偶数的积、平方和等。

任务 2：输入一行字符，分别统计出其中的英文字母和其他字符的个数。

提示：

① 程序设计时，用 getchar()函数接收从键盘上输入的字符，用输入的字符是否为回车符（'\n'）作为循环条件来控制循环。

② 程序测试时，输入的字符串中应包含英文字母和其他字符。

任务 3：输入一组整数，统计并输出其中正数的累加和及负数个数。

提示：

① 由于输入数据个数不定，所以用“结束标志”控制循环。题目要求“正数的累加和及负数个数”，所以可以用'0'作为结束标志。

② 程序测试时，输入的数据中只有最后一个是 0。

课外任务：输入两个两位整数 a 和 b，构成两个两位整数 c 和 d。c 的个位是 a 的十位，c 的十位是 b 的十位；d 的个位是 a 的个位，d 的十位是 b 的个位。例如，a=45，b=67，则 c=64，d=75。

实验 5 循环结构程序设计（2）

1. 实验目的

① 熟练应用 while 语句、do…while 语句和 for 语句实现循环。

② 熟悉循环嵌套的控制方法。

③ 掌握程序设计的常用算法（如穷举法、迭代法、递推法）。

2. 预习内容

① 主教材第 5 章（循环结构程序设计）。

② 编写出各任务中要求的程序，自己阅读认为可行。

3. 实验内容

任务 1：输入两个正整数 m 和 n，求它们的最大公约数和最小公倍数。分别：

① 用迭代法（辗转相除法）实现。

② 用穷举法（在公因子的可能范围内逐一测试）实现。

运行时，输入的值 m>n，观察结果是否正确。再运行时，输入的值 m<n，观察结果是否正确。

任务 2：输出 3～100 之间的素数。要求每行输出 10 个数。

任务 3：输出如图 15-1 所示的图案。

```
          *
        * * *
      * * * * *
    * * * * * * *
  * * * * * * * * *
* * * * * * * * * * *
```

图 15-1　输出图案

提示：行循环控制变量 i 从 1 ~ 6 循环做 3 件事。

① 输出 6-i 个空格符。

② 输出 2i-1 个*。

③ 换行。

要求：

① 修改程序，在每个*间加一个空格，输出仍为正三角形。

② 反复修改程序，使之输出倒三角形、正直角三角形、倒直角三角形、菱形。

课外任务：试求 1 000 以内的"完数"。（一个数如果恰好等于它的因子之和，这个数就称为"完数"。例如，6 的因子为 1、2、3，而 6=1+2+3，因此 6 是"完数"。）

实验 6　编译预处理

1. 实验目的

① 掌握宏的定义和调用方法。

② 掌握文件包含的概念及方法。

③ 掌握条件编译的方法。

2. 预习内容

主教材第 6 章（编译预处理）。

3. 实验内容

任务 1：定义一个带参数的宏，使两个参数的值互换。在主函数中输入两个数作为调用宏的实参，输出交换后的两个值。

任务 2：用条件编译方法实现以下功能：输入一行电报文字，可以任选两种输出，一为原文输出；一为将字母变成其下一字母（如 a 变成 b，…，z 变成 a，其他字符不变）。用#define 命令来控制是否要译成密码。例如，若#define CHANGE 1 则输出密码；若#define CHANGE 0 则不译成密码，按原码输出。

提示：首先在程序中用“#define CHANGE 1”，运行程序，应得到密码；然后将“#define CHANGE 1”改为“#define CHANGE 0”，再运行程序，应得到原文。

任务3：求三角形面积的公式为：

$$area = \sqrt{s\cdot(s-a)\cdot(s-b)\cdot(s-c)}$$

式中，$s=\frac{1}{2}(a+b+c)$，a、b、c 为三角形的3边。

定义两个带参的宏，一个用来求s，另一个用来求area。编写程序，输入3条边长，调用宏求面积area。

课外任务：用牛顿迭代法求方程 $2x^3-4x^2+3x-6=0$ 在1.5附近的根。要求用带参的宏来实现函数值和导数值的计算。

① 在得到正确结果后，请修改程序使所设的x初值由1.5改变为100、1 000、10 000，再运行、观察结果，分析不同的x初值对结果有没有影响，为什么？

② 修改程序，使之能输出迭代的次数和每次迭代的结果，分析不同的x初值对迭代的次数有无影响。

实验7 函数应用（1）

1. 实验目的

① 掌握函数、函数类型和函数返回值的概念，掌握函数定义的方法。

② 掌握函数调用的概念和方法，掌握函数实参与形参变量的对应关系以及“值传递”的方式。

2. 预习内容

主教材第7章（函数）的7.1节（函数定义与函数调用）。

3. 实验内容

任务1：编写函数swap()，其功能是：比较变量x和变量y中的值，将大的值返回给主函数。

任务2：编写判断素数的函数，在主函数中调用该函数，输出3～100之间的素数，并输出素数的个数。

任务3：编写函数，实现求两个整数的最大公约数和最小公倍数。

提示：

① 定义两个函数，分别求最大公约数和最小公倍数，并将其返回到主函数。

② 在主函数中输入两个整数；并用它们作为实参调用函数；输出最大公约数和最小公倍数。

实验8 函数应用（2）

1. 实验目的

① 熟练掌握函数定义的方法。

② 掌握全局变量和局部变量、动态变量和静态变量的概念和使用方法。

③ 掌握函数递归调用的方法。

2. 预习内容

主教材第 7 章（函数）。

3. 实验内容

任务 1：编写函数，求两个整数的最大公约数和最小公倍数，要求用全局变量实现。分别用两个函数求最大公约数和最小公倍数，但其值不由函数返回。在主函数中输出它们的值。

提示：

① 定义两个全局变量存放最大公约数和最小公倍数。

② 定义两个函数分别求最大公约数和最小公倍数，并存放在全局变量中。

③ 在主函数中输入两个整数；并用它们作为实参调用函数；输出最大公约数和最小公倍数。注意函数调用的方式。

任务 2：用递归法将一个十进制数 n 转换成十六进制数。

任务 3：求方程 $ax^2+bx+c=0$ 的根，用 3 个函数分别求当 b^2-4ac 大于 0、等于 0 和小于 0 时的根。

实验 9　数组应用（1）

1. 实验目的

① 掌握一维数组的定义、初始化和输入/输出的方法。

② 掌握数组名作为函数参数，实参与形参之间“地址传递”的方式。

③ 掌握常用的排序算法。

2. 预习内容

主教材第 8 章（数组）8.1 节（一维数组）。

3. 实验内容

任务 1：从键盘给一维整型数组输入 *n* 个整数，找出数组中最小的数并输出。请编写 fun()函数。例如：当输入 *n*=10 时，数组元素为：66 87 45 98 76 58 79 64 85 90，结果为 45。

任务 2：编写用冒泡法排序的函数。在主函数中输入待排序数组。

任务 3：编写函数求某门课程的平均成绩。在主函数中输入成绩表，调用函数求平均成绩，并输出高于平均成绩的人数。

课外任务 1：将一个数组中的值按逆序重新存放。例如，原来是 1、3、5、7、9，要求改为 9、7、5、3、1，且仍存在原数组中。

课外任务 2：编写函数，统计某门课程的平均成绩、最高分、最低分和不及格的人数，并在主程序中输出。

提示：用全局变量实现。

实验 10 数组应用（2）

1. 实验目的

① 掌握二维数组的定义、初始化和输入/输出的方法。

② 掌握字符数组与字符串函数的使用。

③ 掌握与数组有关的算法。

2. 预习内容

主教材第 8 章（数组）。

3. 实验内容

任务 1：求一个 *N* 阶方阵主对角线元素之和。取得正确结果后，修改程序求主、副对角线元素之和。

提示：注意测试数据应包含奇数阶矩阵和偶数阶矩阵。

任务 2：编写一个函数 fun()，功能是找出 3 行 4 列二维数组中最大的元素，在主函数中输出结果。

课外任务：输出杨辉三角形。

实验 11 指针应用（1）

1. 实验目的

① 掌握指针的概念，学会定义和使用指针变量。

② 能正确使用指向数组的指针变量。

③ 能正确使用指向字符串的指针变量。

2. 预习内容

主教材第 9 章（指针）9.1～9.3 节。

3. 实验内容

任务 1：编写函数，用指针法实现选择法排序。

任务 2：下面的程序功能是，把两个数按由大到小的顺序输出来。程序中共有 4 条错误语句，即“/**********FOUND**********/”下面的语句，请改正错误。（注意：不可以增加或删除程序行，也不可以更改程序的结构。）

程序如下：

```
/**********FOUND**********/
#include "stdio.h"
swap(int *p1,*p2)
{ int p;
  p=*p1;
  *p1=*p2;
```

```
    *p2=p;
}
void main()
{ int a,b, *p1,*p2;
  printf("input a,b:");
  /**********FOUND**********/
  scanf("%d%d",a,b);
  /**********FOUND**********/
  *p1=&a;*p2=&b;
  if(a<b) swap(p1,p2);
  printf("a=%d,b=%d\n",a,b);
  /**********FOUND**********/
  printf("max=%d,min=%d\n",p1,p2);
}
```

任务 3：下面的程序功能是：用指针作函数参数，求一维数组中的最大和最小元素值。程序中共有 4 条错误语句，即在"/**********FOUND**********/"下面的语句，请改正错误。(注意：不可以增加或删除程序行，也不可以更改程序的结构。)

程序如下：

```
#include "stdio.h"
#define N 10
/**********FOUND**********/
void maxmin(int arr[ ],int *pt1,*pt2, n)
{ int i;
  /**********FOUND**********/
  *pt1=*pt2=&arr[0];
  for(i=1;i<n;i++)
  /**********FOUND**********/
  { if(arr[i]<*pt1)
      *pt1=arr[i];
    if(arr[i]<*pt2)
      *pt2=arr[i];
  }
}
void main()
{ int array[N]={10,7,19,29,4,0,7,35,-16,21},*p1,*p2,a,b;
  /**********FOUND**********/
  *p1=&a;*p2=&b;
  maxmin(array,p1,p2,N);
  printf("max=%d,min=%d",a,b);
}
```

任务 4：下面的程序功能是，将 6 个数按输入顺序的逆序进行排列。程序中共有 4 条错误语句，即在"/**********FOUND**********/"下面的语句，请改正错误。(注意：不可以增加或删除程序行，也不可以更改程序的结构。)

程序如下：

```
#include "stdio.h"
void sort(char *p,int m)
{ int i;
```

```
    char change,*p1,*p2;
    for(i=0;i<m/2;i++)
    {
    /**********FOUND**********/
       *p1=p+i;*p2=p+(m-1-i);
       change=*p1;
       *p1=*p2;
       *p2=change;
    }
  }
  void main()
  { int i;
    /**********FOUND**********/
    char  p,num[6];
    for(i=0;i<=5;i++)
    /**********FOUND**********/
      scanf("%d",num[i]);
    p=&num[0];
    /**********FOUND**********/
    sort(*p,6);
    for(i=0;i<=5;i++)  printf("%d",num[i]);
  }
```

课外任务：用指针变量实现，输入 10 个整数，将其中最小的数与第一个数对换，把最大的数与最后一个数对换。

实验 12　指针应用（2）

1．实验目的

① 熟练地掌握指针的概念，灵活使用指针变量。

② 熟练地使用指向数组的指针变量。

③ 熟练地使用指向字符串的指针变量。

④ 了解指向函数的指针变量的使用方法。

2．预习内容

主教材第 9 章（指针）。

3．实验内容

任务 1：编写函数，用指向字符串的指针变量实现求一个字符串的长度。即自己编写一个与系统提供的 strlen()函数功能相同的函数，函数首部为：int fun(char *pl)。

任务 2：编写函数，用指向字符串的指针变量实现两个字符串的连接。即自己编写一个与系统提供的 strcat()函数功能相同的函数，函数首部为：void fun(char *pl,char *p2)。

任务 3：下面程序的功能是，将一个字符串中第 m 个字符开始的全部字符复制成为另一个字符串。程序中共有 4 条错误语句，即在“/**********FOUND**********/”下面的语句，请改正错误。（注意：不可以增加或删除程序行，也不可以更改程序的结构。）

程序如下：

```
#include "stdio.h"
void strcopy(char *str1,char *str2,int m)
/**********FOUND**********/
{ char p1,p2;
  int i,j;
  /**********FOUND**********/
  p1=str1+m;
  p2=str2;
  /**********FOUND**********/
  if(*p1);
  *p2++=*p1++;
  *p2='\0';
}
void main()
{ int i,m;
  char *p1,*p2,str1[80],str2[80];
  p1=str1;
  p2=str2;
  gets(p1);
  scanf("%d",&m);
  /**********FOUND**********/
  strcat(str1[0],str2[0],m);
  puts(p1);puts(p2);
}
```

任务 4：下面程序的功能是，在一个一维整型数组中找出其中最大的数及其下标。程序中共有 4 条错误语句，即在“/**********FOUND**********/”下面的语句，请改正错误。（注意：不可以增加或删除程序行，也不可以更改程序的结构。）

程序如下：

```
#include "stdio.h"
#define N 10
/**********FOUND**********/
float fun(int *a,int *b,int n)
{ int *c,max=*a;
  for(c=a+1;c<a+n;c++)
    if(*c>max)
    { max=*c;
      /**********FOUND**********/
      b=c-a;
    }
  return max;
}
void main()
{ int a[N],i,max,p=0;
  printf("please enter 10 integers:\n");
  for(i=0;i<N;i++)
  /**********FOUND**********/
     scanf("%d",a[i]);
```

```
 /*********FOUND*********/
 m=fun(a,p,N);
 printf("max=%d,position=%d",max,p);
}
```

课外任务：用指向函数的指针变量实现，写一个用矩形法求定积分的通用函数，分别求：

$$\int_0^1 \sin x\mathrm{d}x \qquad \int_{-1}^1 \cos x\mathrm{d}x \qquad \int_0^2 \mathrm{e}^x\mathrm{d}x$$

提示：函数$f(x)$在区间$[a,b]$内的定积分的几何意义是由$f(a)$、$f(b)$、$f(x)$及x轴组成的图形的面积。所谓“求定积分的矩形法”，就是把积分区间平分n等份，把每一份$h=(b-a)/n$作为矩形的宽，把该份起点（或终点）的函数值$f(x)$作为矩形的长；用n个矩形面积之和作为积分的近似值。

函数原型：

```
void rectangle(int n,double (*p)(),float a,float b);
```

函数形式参数中，n 为区间份数，p 为函数指针，a 和 b 为区间端点。

实验 13　结构体和共用体类型的应用

1. 实验目的

① 掌握结构体类型的定义方法、结构体类型变量的定义和引用方法。

② 掌握结构体类型数组、指向结构体的指针变量的使用方法。

③ 掌握共用体类型的定义方法、结构体类型变量的定义和引用方法。

2. 预习内容

主教材第 10 章（结构体与共用体）。

3. 实验内容

任务 1：有 4 个学生，每个学生的数据包括学号、姓名、3 门课的成绩。从键盘输入 4 个学生数据，求出每个学生的平均成绩，输出成绩表（包括学号、姓名、3 门课的成绩、平均分数）及平均分最高的学生的数据。

要求：编写 input()函数输入 4 个学生数据；编写 average()函数求平均分；编写 search()函数找到平均分最高的学生；成绩表和平均分最高学生的数据都在主函数中输出。

任务 2：先阅读下面的程序，然后编辑并运行，验证你的阅读结果是否正确。

```
#include "stdio.h"
void main()
{ union AA {  int a;char ch[2]; }x;
  x.a=-1;
  x.ch[0]='A';x.ch[1]='B';
  printf("%x\n",x.a);
}
```

课外任务：建立一个带头结点的链表，每个结点包括姓名、性别、年龄。对链表进行输出、插入结点、删除结点和查找结点的操作。

实验 14　数据文件的应用

1. 实验目的

① 掌握文件、文件指针的概念。

② 学会使用文件打开、关闭、读、写等文件操作函数。

2. 预习内容

主教材第 11 章（文件）。

3. 实验内容

任务 1：有 5 个学生，每个学生有 3 门课的成绩，从键盘输入学生数据（包括学生学号、姓名、3 门课成绩），计算出平均成绩，将原有数据和计算出的平均分数存放在磁盘文件 stud 中。

设 5 名学生的学号、姓名和 3 门课成绩如下：

05210101　Wang　89　98　67

05210102　Li　60　80　90

05210103　Fan　75　91　99

05210104　Leng　78　50　62

05210105　Yuan　58　68　71

在向文件 stud 写入数据后，应检查验证 stud 文件中的内容是否正确。

任务 2：将上题 stud 文件中的学生数据，按平均分进行排序处理，将已排序的学生数据存入一个新文件 stud_sort 中。

在向文件 stud_sort 写入数据后，应检查验证 stud_sort 文件中的内容是否正确。

课外任务：对上题已排序的学生成绩文件进行插入处理，插入一个学生的 3 门课成绩。程序先计算新插入学生的平均成绩，然后将它按成绩高低顺序插入到文件 stud_sort 中。

要插入的学生数据为：

05210106　zhen　90　95　60

插入数据后，应检查验证文件中的内容是否正确。

实验 15　综合程序设计

1. 实验目的

通过综合程序设计，综合应用所学程序设计知识，独立完成相对比较完整的具有一定难度的题目，以进一步提高程序设计的能力。设计过程中需要自学一些知识，也是对自学能力的一种锻炼和提高。

2. 预习内容

① 程序结构（顺序结构、选择结构、循环结构）设计方法；较大程序的功能分解方法（函数定义）。

② 结构体类型的定义与引用；链表的基本操作；数据文件的建立与引用。

③ 自学与设计有关的知识。如字符屏幕、图形功能、取键值、产生随机数等函数。

3. 实验内容

任选下面给出的题目之一，独立设计。对已经给出参考程序的题目，在读懂了其实现过程的基础上，要有所改进，使之更完善。

（1）笑脸走迷宫

画出迷宫，左上角为开始处画一个笑脸，右下角为出口画一个*号；按【↑】【↓】【←】【→】光标移动键使笑脸移动；移动到出口，游戏结束（或按【Esc】键随时结束）。

参考程序：

```
#include <stdio.h>
#include <bios.h>
#include <conio.h>
#define ESC  0x011b                    /* 定义键值符号常量 */
#define UP 0x4800
#define DOWN 0x5000
#define LEFT 0x4b00
#define RIGHT 0x4d00
typedef struct                         /* 定义屏幕中点的结构类型 */
{ int x;
  int y;
}point;
char map[10][20]=                      /* 用二维数组定义迷宫 */
{ "####################",
  "##              #",
  "#  #########  # #  #",
  "# ####     #   ###",
  "# #    ###   #  ##",
  "# # #####  #  #  #",
  "# #    ##    #  #",
  "#  ##### # ## #  #",
  "#            #  #",
  "####################"
};
DrawMan(int x,int y)                   /* 在屏幕指定位置输出一个笑脸 */
{  gotoxy(x+10,y+5);
   printf("%c\b",2);
}
DrawSpace(int x,int y)                 /* 在指定位置输出一个空格 */
{  gotoxy(x+10,y+5);
   printf(" ");
}
DrawWall(int x,int y)                  /* 在指定位置输出一块"墙砖"，ASCII码为219 */
{  gotoxy(x+10,y+5);
   textcolor(RED);
   putch(219);
}
void DrawMap()                         /* 在屏幕上画出迷宫，说明玩法 */
{  int x,y;
```

```
    for(y=0;y<10;++y)
      for(x=0;x<20;++x)
        if(map[y][x]=='#') DrawWall(x,y);
    gotoxy(38,2);
    textcolor(RED);
    printf("Man Game");
    gotoxy(48,6);
    printf("play game:");
    gotoxy(48,8);
    printf("push key move man!");
    gotoxy(48,10);
    printf("push Esc Exit game!");
}
void  main()
{ point man={1,1},des={18,8};     /* 给出笑脸的初始坐标及终点坐标 */
  int key=0;
  clrscr();
  DrawMap();                           /* 画迷宫 */
  DrawMan(man.x,man.y);                /* 画笑脸 */
  textcolor(YELLOW);                   /* 画出口 */
  gotoxy(des.x+10,des.y+5);
  putch('*');
  while(key!=ESC)                      /* 按上、下、左、右移动键走迷宫 */
  { key=bioskey(0);                    /* 读按键的键值 */
    switch(key)
    { case UP:                         /* 键值为上移 */
        if(map[man.y-1][man.x]=='#') break;
        DrawSpace(man.x,man.y);
        --man.y;
        DrawMan(man.x,man.y);
      case DOWN:                       /* 键值为下移 */
        if(map[man.y+1][man.x]=='#') break;
         DrawSpace(man.x,man.y);
         ++man.y;
         DrawMan(man.x,man.y);
      case LEFT:                       /* 键值为左移 */
        if(map[man.y][man.x-1]=='#') break;
         DrawSpace(man.x,man.y);
         --man.x;
         DrawMan(man.x,man.y);
      case RIGHT:                      /* 键值为右移 */
         if(map[man.y][man.x+1]=='#') break;
         DrawSpace(man.x,man.y);
         ++man.x;
         DrawMan(man.x,man.y);
    }
    if(man.x==des.x&&man.y==des.y)     /* 笑脸的位置在出口 */
    { gotoxy(38,14);
      printf("success!");
      getch();
      key=ESC;
    }
```

```
    }
}
```

（2）飘动的红旗

绘制飘动的红旗。红旗基本形状是矩形，飘动时边缘类似波浪。可以用正弦曲线简单地模拟波浪，利用一个数组来记录连续的函数值，设置一个递增的位移量，每递增一次就位移数组中的值，从而实现飘动的效果。

参考程序：

```
#include <stdio.h>
#include <math.h>
#include <dos.h>
#include <graphics.h>
#include <bios.h>
#define Flagx  50                         /* 设置红旗的位置坐标 */
#define Flagy  50
#define Flagw  300                        /* 设置红旗的宽度和高度 */
#define Flagh  150
#define Wavew  100                        /* 设置红旗的飘动宽度 */
#define Waveh  5                          /* 设置红旗的飘动幅度 */
int Dy[Wavew];                            /* 定义全局数组，保存每次飘动的波形 */
void InitDy()                             /* 定义函数：给数组初始化波形 */
{ float ang;
  int i;
  for(i=0;i<Wavew;i++)
  { ang=(float)i/Wavew*M_PI*2;           /* 计算相角(从0° ~360° ) */
    Dy[i]=Waveh*sin(ang);                 /* 计算波动值 */
  }
}
void Drawflag(int offset)                 /* 定义函数：根据位移量绘制飘动的红旗 */
{ int x,y,dy;
  int i;
  setbkcolor(CYAN);                       /* 设置背景色 */
  cleardevice();
  setcolor(RED);                          /* 设置前景色 */
  for(i=0;i<Flagw;i++)                    /* 从左到右绘制红旗 */
  { x=Flagx+i;
    dy=Dy[(i+offset)%Wavew];              /* 根据位移量得到该位置的飘动量 */
    y=Flagy+dy;
    line(x,y,x,y+Flagh);
  }
}
void main()
{ int gd=EGA,gm=EGAHI;                    /* 图形模式变量 */
  int off;                                /* 位移变量 */
  int curpage;                            /* 标志图形页面的变量 */
  int doff=5;                             /* 位移增量 */
  initgraph(&gd,&gm,"d:\\c\\tc\\tc3.0\\BGI");
  /* 初始化图形库 */
  InitDy();                               /* 初始化波形数组 */
```

```
  off=0;
  curpage=1;
  while(1)
  { if(bioskey(1))break;                  /* 用户按任意键，循环中止 */
    curpage=curpage==0?1:0;               /* 计算用于绘图的图形页 */
    setactivepage(curpage);               /* 激活用于绘图的图形页 */
    Drawflag(off);                        /* 绘制红旗(但不可视) */
    setvisualpage(curpage);               /* 设置可视的图形页 */
    delay(50);                            /* 等待 50μs */
    off+=doff;                            /* 位移量自增 */
    if(off>=Wavew)off-=Wavew;
  }
  closegraph();                           /* 关闭图形库 */
}
```

（3）低年级小学生学习机

为低年级小学生编写一个“学习机”的模拟程序。程序利用随机函数产生两个整数，并给出算式请小学生输入答案。为了提高程序的实用性，至少要具有加法、减法、乘法和除法 4 种运算，并提供两种模式：

① 练习模式：不计分，连续出题，直到用户选择结束。

② 测验模式：计分，连续出题，数量由用户指定，计算机给出评分。

提示：用链表记录答题过程，一道题的解答记录在一个结点中。结点结构如下：

```
typedef struct score
{ int op1;                                /* 第一个整数 */
  int op2;                                /* 第二个整数 */
  char opp;                               /* 运算符 */
  int right;                              /* 正确答案 */
  int answer;                             /* 用户解答 */
  struct score *next;                     /* 指向下一个结点 */
  struct score *pre;                      /* 指向上一个结点 */
}SCORE;
```

参考程序：

```
#include <stdio.h>
#include <stdlib.h>
#include <conio.h>
#include <time.h>
#include <math.h>
typedef struct score
{ int op1;                                /* 第一个整数 */
  int op2;                                /* 第二个整数 */
  char opp;                               /* 运算符 */
  int right;                              /* 正确答案 */
  int answer;                             /* 用户解答 */
  struct score *next;                     /* 指向下一个结点 */
  struct score *pre;                      /* 指向上一个结点 */
}SCORE;
void practice(void);                      /* 函数声明 */
```

```
void test(void);
void aSample(SCORE *,int);
void waitTime(long n)                    /* 定义"延时"函数 */
{ long now;for(now=0;now<n;now++); }
void main()                              /* 定义主函数：主菜单 */
{ long now;
  printf("\n\n\n\t\t\t欢迎使用学习机");
  waitTime(90000000);
  srand(time(&now)%53);
  while(1)
  { int choice;
    system("cls");
    printf("\n\n\n");
    printf("\t\t选择练习模式请按键1\n");
    printf("\t\t选择测验模式请按键2\n");
    printf("\t\t\t\t退出请按键Esc\n");
    while(1)                             /* 控制正确模式的选择 */
    { choice=getch();
      if(choice==27) return;
      if(choice==49) break;
      if(choice==50) break;
    }
    if(choice==49)practice();                /* 选择练习模式 */
    else if(choice==50)test();               /* 选择测试模式 */
   }
}
void viewHistory(SCORE *t)                   /* 定义"浏览答题情况"函数 */
{ int i,choice;
  do{ printf("\n\t\t你是否想查看本次答题历史?是(Y)/否(N): ");
      choice=getche();
      printf("\n\n");
  }while(choice!='Y' && choice !='n' && choice!='Y' && choice!='N');
  if(choice=='n'||choice=='N'||t==NULL) return;
  system("cls");
  i=1;
  while(1)
  { printf("第%d题: \t%d%c%d=?\n",1,t->op1,t->opp,t->op2);
    printf("\t\t你的回答: %d\t\t正确答案: %d\n",t->answer,t->right);
    printf("\t\t你答%s了!\n",t->answer==t->right?"对":"错");
    if(t->next) printf("pgDn");
    if(t->pre) printf("pgUp");
    printf("Esc\n");
    while(1)
    { choice=getch();
      if(choice==27) return;
      if(choice==224)
      {  choice=getch();
         if(choice==73&& t->pre) { t=t->pre;i--;break; }
         else if(choice==81 && t->next){ t=t->next;i++;break; }
      }
```

```
    }
  }
}
void freeList(SCORE *h)                    /* 定义“释放链表”函数 */
{ SCORE *p;
  while(h)
   { p=h;h=h->next;free(p); }
}
void practice()
/* 定义“练习模式”函数: 连续出题,不计分*/
{ void viewHistory(SCORE *);
  void freeList(SCORE *);
  SCORE *u,*v,*head;
  int range;
  int choice;
  system("cls");
  printf("\n\n\n\t进入练习模式，你将连续答题，不计分。想退出时按【Esc】键\n");
  printf("\n\n\n\t\\tt输入计算范围 0--");
  while(1)
  { scanf("%d",&range);
    if(range>=2)break;
    system("cls");
    printf("\n\n\n\t\t\t范围不能为 0--%d,请输入一个大于 1 的正数\n",range);
  }
  system("cls");
  head=NULL;
  while(1)
  { u=(SCORE *)malloc(sizeof(SCORE));
    u->next=NULL;
    if(head==NULL) {head=v=u;u->pre=NULL;}
    else {u->pre=v;v=v->next=u;}
    aSample(u,range);
    if(u->answer==u->right)  printf("\t\t\t正确!\n");
    else { printf("\t\t\t错了!");
           printf("\t\t\t正确的答案是: %d\n",u->right);
         }
    printf("\n\n\t\t\t任意键继续\n");
    printf("\t\t\t返回主菜单请按键【Esc】键\n");
    choice=getch();
    system("cls");
    if(choice==27)break;
  }
  viewHistory(head);
  freeList(head);
}
void test(void)                /* 定义“测试模式”函数: 用户自己指定答题数 */
{ SCORE *head,*u,*v;
  long range,num;
  int i,t,err;
  system("cls");
```

```
    printf("\n\n\n\t\t进入测试模式，你的回答将计分。\n");
    printf("\n\n\n\t\t\t输入计算范围0--");
    while(1)
    { scanf("%d*c",&range);
      if(range>=2)break;
      system("cls");
      printf("\n\n\n\t\t\t范围不能为0--%d，请输入一个大于1的正数\n",range);
    }
    printf("\n\t\t\t输入解题的道数");
    while(1)
    { scanf("%d*c",&num);
      if(num>=2)break;
      system("cls");
      printf("\n\n\n\t\t解题道数不能为0--%d，请输入一个大于1的正数\n",num);
    }
    system("cls");
    head=NULL;
    for(i=0;i<num;i++)
    { u=(SCORE *)malloc(sizeof(SCORE));
       u->next=NULL;
       if(head==NULL){head=v=u;u->pre=NULL;}
       else{u->pre=v;v=v->next=u;}
       aSample(u,range);
    }
    err=0;
    system("cls");
    printf("\t\t\t测验完毕，结果如下：\n");
    for(t=1,u=head;u!=NULL;u=u->next,t++)
    { if(u->answer!=u->right)
      { err++;
        printf("\t\t\t第%d题错误，正确的解答是:\n",t);
        printf("\t\t\t%d%c%d=%d\n\n",u->op1,u->opp,u->op2,u->right);
        waitTime(200000000);
      }
    }
    printf("\n\t\t得%d分。\n",(num-err)*100/num);
    printf("\t\t按任意键继续");
    getch();
    system("cls");
    viewHistory(head);
    freeList(head);
}
void aSample(SCORE *u,int range)
{ int opp0,t;
   opp0=rand()%4;                                    /*产生运算符*/
   if(opp0==0)
   { u->opp='+';
     u->op1=rand()%(range-1)+1;                      /*产生整数*/
     u->op2=rand()%(range-1)+1;
     if(u->op1+u->op2>range) u->op2=range-u->op1;
```

```
      u->right=u->op1+u->op2;
    }
    else if(opp0==1)
          { u->opp='-';
            u->op1=rand()%range;                    /*产生整数*/
            u->op2=rand()%range;
            if(u->op1<u->op2)
              { int temp=u->op1;u->op1=u->op2;u->op2=temp; }
            u->right=u->op1-u->op2;
          }
          else if(opp0==2)
               { u->opp='*';
                 u->op1=rand()%range;               /*产生整数*/
                 u->op2=rand()%range;
                 if(u->op1*u->op2>range) u->op2=range/u->op1;
                 u->right=u->op1*u->op2;
               }
               else if(opp0==3)
                    { u->opp='/';
                      u->op1=rand()%(range-1)+1;
                      u->op2=rand()%(range-1)+1;
                      if(u->op2==0||(u->op1)%(u->op2)!=0)
                      { t=(int)sqrt(range);
                        if(t<2)t=2;
                        u->right=rand()%(t-1);
                        u->op2=rand()%(t-1)+1;
                        u->op1=(u->right)*(u->op2);
                      }
                      else u->right=u->op1/u->op2;
                    }
    printf("\n\n\n\t\t\t%d %c %d=",u->op1,u->opp,u->op2);
    scanf("%d*c",&u->answer);
}
```

（4）学生学期成绩管理系统

系统功能要求：建立数据库结构；输入学生成绩信息，并以文件方式存盘；显示数据库文件信息；对已经建立的文件进行查询、修改；对某学生和课程分别求总成绩和平均成绩（不同性质的课程权值不同）；根据某一课程或总成绩排序，并输出。模块划分及功能如图 15-2 所示。

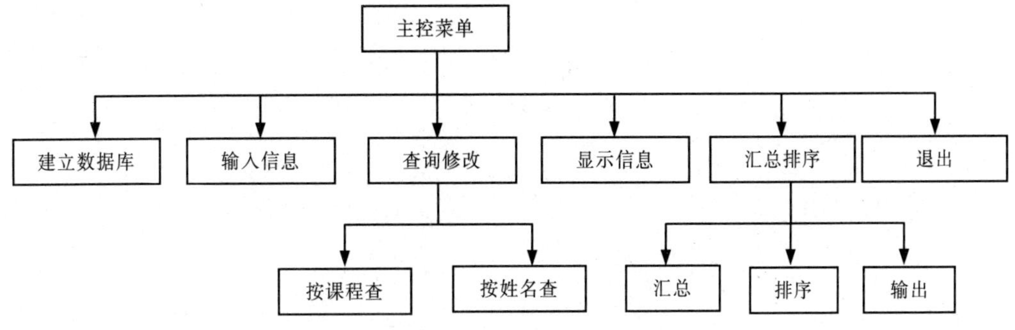

图 15-2　模块划分及功能

（5）四则混合运算器

实现实数的四则混合运算，要求输入一个四则混合运算的表达式字符串，给出运算结果。运算符有+、–、*、/、(、) 共6个。操作数为正负实数。

提示：

① 四则混合运算有3个运算级别，括号是最高级别，其次是乘、除法，加、减法级别最低，定义3个函数分别完成同一级别的运算。

② 用单链表表示和存储四则混合运算表达式：操作数和运算符分别作为一个结点存储在链表中。结点结构如下：

```
#define SIZE 20                  /* 操作数或运算符的最大长度 */
#define NUMBER 100               /* 表达式的最大长度 */
type struct opt
{ int flag;                      /* 标识分量: 0表示运算符, 1表示操作数 */
  char operation;                /* 运算符分量 */
  double f;                      /* 操作数分量 */
  struct opt *next;              /* 指向下一个结点的指针分量 */
}
```

③ 运算过程就是链表中运算符优先级别的判断以及结点的删除与插入，是链表逐渐缩短的过程。当链表中只剩一个结点时即为运算结果。基本算法是：将括号连同其内部的表达式，用其运算结果作为新的操作数结点来替代（对于括号的处理是从最右边的左括号开始，寻找对应的右括号，循环处理直到没有括号为止）；将乘除或加减同级表达式用其运算结果作为新的操作数结点来替代（用两个函数，分别处理乘除运算链和加减运算链。加减运算链遇到乘除号则进入乘除运算链，遇到括号则结束；乘除运算链遇到加减号或括号则结束）。

此题目也可以用递归的方法来实现。

附录　Visual C++ 6.0 编译链接错误及警告信息

Visual C++ 6.0 编译程序查出的源程序错误分为三类：编译错误、链接错误和警告。编译结束在信息窗口输出：出错信息、源文件名、发现出错的行号等内容。下面给出常见的出错信息。

一、编译错误

1. fatal error C1003: error count exceeds number; stopping compilation.

错误太多，停止编译。修改之前的错误，再次编译。

2. fatal error C1004: unexpected end of file found.

文件未结束。一个函数或者一个结构定义缺少}，或者在一个函数调用或表达式中括号没有配对出现，或者注释符/*…*/不完整等。

3. fatal error C1021: invalid preprocessor command 'xxx'.

非法的预处理命令'xxx'。

4. fatal error C1083: Cannot open include file: 'xxx.x': No such file or directory.

不能打开包含文件'xxx.x':：没有这样的文件或目录。头文件不存在，或者头文件拼写错误，或者文件为只读。

5. fatal error C1903: unable to recover from previous error(s); stopping compilation.

无法从之前的错误中恢复，停止编译。引起错误的原因很多，建议先修改之前的错误。

6. error C2001: newline in constant.

常量中创建新行。字符串常量不能多行书写。

7. error C2006: #include expected a filename, found 'identifier'.

#include 命令中需要文件名，发现了标识符。一般是头文件未用一对双引号或尖括号括起来，例如#include stdio.h。

8. error C2007: #define syntax.

#define 语法错误。例如#define 后缺少宏名。

9. error C2008: 'xxx' : unexpected in macro definition.

宏定义时出现了意外的 xxx。宏定义时宏名与替换串之间应有空格。

10. error C2009: reuse of macro formal 'identifier'.

带参宏的形式参数重复使用。宏定义如有参数不能重名，例如#define p(a,a) (a*a)中参数 a 重复。

11. error C2010: 'character' : unexpected in macro formal parameter list.

带参宏的形式参数表中出现未知字符。

12. error C2014: preprocessor command must start as first nonwhite space.

预处理命令前面只允许空格。每一条预处理命令都应独占一行，不应出现其他非空格字符。

13. error C2015: too many characters in constant.

常量中包含多个字符。字符型常量的单引号中只能有一个字符,或是以\开始的一个转义字符。

14. error C2017: illegal escape sequence.

转义字符非法。一般是转义字符位于 ' ' 或 " " 之外。

15. error C2018: unknown character '0xhh'.

未知的字符'0xhh'。一般是输入了汉字或中文标点符号。

16. error C2019: expected preprocessor directive, found 'character'.

期待预处理命令，但有无效字符。一般是预处理命令的#号后误输入其他无效字符。

17. error C2021: expected exponent value, not 'character'.

期待指数值，不能是字符。一般是浮点数的指数表示形式有误，例如 123.456E。

18. error C2039: 'identifier1' : is not a member of 'identifier2'.

标识符 1 不是标识符 2 的成员。程序错误地调用或引用结构体、共用体、类的成员。

19. error C2041: illegal digit 'x' for base 'n'.

对于 n 进制来说数字 x 非法。八进制或十六进制数表示错误，例如 int i = 092;语句中数字 9 不是八进制的基数。

20. error C2048: more than one default.

default 语句多于一个。switch 语句中只能有一个 default，删去多余的 default。

21. error C2050: switch expression not integral.

表达式不是整型的。switch 表达式必须是整型（或字符型），例如 switch ("m")中表达式为字符串，这是非法的。

22. error C2051: case expression not constant.

case 表达式不是常量表达式。

23. error C2052: 'type' : illegal type for case expression.

case 表达式类型非法。case 表达式必须是一个整型或字符型常量。

24. error C2057: expected constant expression.

期待常量表达式。一般出现在 switch 语句的 case 分支中，或者定义数组时数组长度为变量，例如 int n=10; int a[n];中 n 为变量，这是非法的。

25. error C2058: constant expression is not integral.

常量表达式不是整数。一般是定义数组时数组长度不是整型常量。

26. error C2059: syntax error : 'xxx'.

'xxx'语法错误。引起错误的原因很多，可能多加或少加了符号 xxx。

27. error C2064: term does not evaluate to a function.

无法识别函数项。函数参数有误，表达式可能不正确，例如 sqrt(s(s−a)(s−b)(s−c));中表达式不正确；变量与函数重名或该标识符不是函数，例如 int a,b; a=b();中 b 不是函数。

28. error C2065: 'xxx' : undeclared identifier.

未定义过的标识符'xxx'。如果 xxx 为 scanf、printf、sqrt 等，则程序中包含头文件有误；未定义变量、数组、函数原型等，注意拼写错误或区分大小写。

29. error C2078: too many initializers.

初始值过多。一般是数组初始化时初始值的个数大于数组长度，例如 int x[2]={1,2,3};。

30. error C2082: redefinition of formal parameter 'xxx'.

重复定义了形式参数 xxx。函数首部中的形式参数不能在函数体中再次被定义。

31. error C2084: function 'xxx' already has a body.

已定义函数 xxx。在 VC++早期版本中函数不能重名。

32. error C2086: 'xxx' : redefinition.

标识符 xxx 重定义。变量名、数组名重名。

33. error C2087: '<Unknown>' : missing subscript.

下标未知。一般是定义二维数组时未指定第二维的长度，例如 int a[4][];。

34. error C2100: illegal indirection.

非法的间接访问运算符*。对非指针变量使用*运算。

35. error C2105: 'operator' needs l-value.

操作符需要左值。例如(x+y)++;语句，++运算符无效。

36. error C2106: 'operator': left operand must be l-value.

操作符的左操作数必须是左值。例如 x+y=1;语句，=运算符左值必须为变量，不能是表达式。

37. error C2110: cannot add two pointers.

两个指针量不能相加。例如 int *pa,*pb,*a; a = pa + pb;中两个指针变量不能进行+运算。

38. error C2117: 'xxx' : array bounds overflow.

数组 xxx 边界溢出。一般是字符数组初始化时字符串长度大于字符数组长度，例如 char x[4] = "abcd";。

39. error C2118: negative subscript or subscript is too large.

下标为负或下标太大。一般是定义数组或引用数组元素时下标不正确。

40. error C2124: divide or mod by zero.

被零除或对 0 求余。例如 int i = 3 / 0;除数为 0。

41. error C2133: 'xxx' : unknown size.

数组 xxx 长度未知。一般是定义数组时未初始化也未指定数组长度，例如 int x[];。

42. error C2137: empty character constant.

字符型常量为空。一对单引号中不能没有任何字符。

43. error C2143: syntax error : missing 'token1' before 'token2'.

error C2146: syntax error : missing 'token1' before identifier 'identifier'.

在标识符或语言符号 2 前漏写语言符号 1。可能缺少{、)或；等语言符号。

44. error C2144: syntax error : missing ')' before type 'xxx'.

在 xxx 类型前缺少')'。一般是函数调用时定义了实参的类型。

45. error C2181: illegal else without matching if.

非法的没有与 if 相匹配的 else。可能多加了；或复合语句没有使用{}。

46. error C2196: case value '0' already used.

case 值 0 已使用。一般出现在 switch 语句的 case 分支中，case 后常量表达式的值不能重复出现。

47. error C2296: '%' : illegal, left operand has type 'float'.

error C2297: '%' : illegal, right operand has type 'float'.

%运算的左（右）操作数类型为 float，这是非法的。求余运算的对象必须均为 int 类型，应正确定义变量类型或使用强制类型转换。

48. error C2371: 'xxx' : redefinition; different basic types.

标识符 xxx 重定义；基类型不同。定义变量、数组等时重名。

49. error C2440: '=' : cannot convert from 'char [2]' to 'char'.

赋值运算，无法从字符数组转换为字符。不能用字符串或字符数组对字符型数据赋值，更一般的情况，类型无法转换。

50. error C2447: missing function header (old-style formal list?).

error C2448: '<Unknown>' : function-style initializer appears to be a function definition.

缺少函数标题(是否是老式的形式表？)。函数定义不正确，函数首部的( )后多了分号或者采用了老式的 C 语言的形参表。

51. error C2450: switch expression of type 'xxx' is illegal.

switch 表达式为非法的 xxx 类型。switch 表达式类型应为 int 或 char。

52. error C2466: cannot allocate an array of constant size 0.

不能分配长度为 0 的数组。一般是定义数组时数组长度为 0。

53. error C2660: 'xxx' : function does not take n parameters.

函数 xxx 不能带 n 个参数。调用函数时实参个数不对。

54. error C2601: 'xxx' : local function definitions are illegal.

函数 xxx 定义非法。一般是在一个函数的函数体中定义另一个函数。

55. error C2632: 'type1' followed by 'type2' is illegal.

类型 1 后紧接着类型 2，这是非法的。分析：例如 int float i;语句是错误的。

56. error C2664: 'xxx' : cannot convert parameter n from 'type1' to 'type2'.

函数 xxx 不能将第 n 个参数从类型 1 转换为类型 2。一般是函数调用时实参与形参类型不一致。

57. error C4716: 'xxx' : must return a value.

函数 xxx 必须返回一个值。仅当函数类型为 void 时，才能使用没有返回值的返回命令。

58. syntax error: missing ';' before identifier 'xxx.'

句法错误：在'xxx'前丢了';'。

二、链接错误

1. fatal error LNK1104: cannot open file "Debug/C1.exe".

无法打开文件 Debug/C1.exe。重新编译链接。

2. fatal error LNK1168: cannot open Debug/C1.exe for writing.

不能打开 Debug/C1.exe 文件，以改写内容。一般是 C1.exe 还在运行，未关闭。

3. fatal error LNK1169: one or more multiply defined symbols found.

出现一个或更多的多重定义符号。一般与 error LNK2005 一同出现。

4. error LNK2001: unresolved external symbol _main.

未处理的外部标识 main。一般是 main 拼写错误。

5. error LNK2005: _main already defined in C1.obj.

main()函数已经在 C1.obj 文件中定义。未关闭上一程序的工作空间，导致出现多个 main()函数。

三、警告

1. warning C4003: not enough actual parameters for macro 'xxx'.

宏 xxx 没有足够的实参。一般是带参宏展开时未传入参数。

2. warning C4091: '' : ignored on left of 'type' when no variable is declared.

当没有声明变量时忽略类型说明。语句 int ;未定义任何变量，不影响程序执行。

3. warning C4101: 'xxx' : unreferenced local variable.

变量 xxx 定义了但未使用。可去掉该变量的定义，不影响程序执行。

4. warning C4244: '=' : conversion from 'type1' to 'type2', possible loss of data.

赋值运算，从数据类型 1 转换为数据类型 2，可能丢失数据。需正确定义变量类型，数据类型 1 为 float 或 double、数据类型 2 为 int 时，结果有可能不正确，数据类型 1 为 double、数据类型 2 为 float 时，不影响程序结果，可忽略该警告。

5. warning C4305: 'initializing' : truncation from 'const double' to 'float'.

初始化，截取双精度常量为 float 类型。出现在对 float 类型变量赋值时，一般不影响最终结果。

6. warning C4390: ';' : empty controlled statement found; is this the intent?

';'控制语句为空语句，是程序的意图吗？ if 语句的分支或循环控制语句的循环体为空语句，一般是多加了；。

7. warning C4508: 'xxx' : function should return a value; 'void' return type assumed.

函数 xxx 应有返回值，假定返回类型为 void。一般是未定义 main 函数的类型为 void，不影响程序执行。

8. warning C4552: 'operator' : operator has no effect; expected operator with side-effect.

运算符无效果；期待副作用的操作符。例如 i+j;语句，+运算无意义。

9. warning C4553: '==' : operator has no effect; did you intend '='?

==运算符无效；是否为=？ 例如 i==j; 语句，==运算无意义。

10. warning C4700: local variable 'xxx' used without having been initialized.

变量 xxx 在使用前未初始化。变量未赋值，结果有可能不正确。

11. warning C4715: 'xxx' : not all control paths return a value.

函数 xxx 不是所有的控制路径都有返回值。一般是在函数的 if 语句中包含 return 语句，当 if 语句的条件不成立时没有返回值。

12. warning C4723: potential divide by 0.

有可能被 0 除。表达式值为 0 时不能作为除数。

13. warning C4804: '<' : unsafe use of type 'bool' in operation.

‘<’：不安全的‘布尔’类型的使用。例如关系表达式“0<x<10”有可能引起逻辑错误。

参 考 文 献

[1] 时景荣. C 语言程序设计[M]. 3 版. 北京：中国铁道出版社，2015.
[2] 时景荣. C 语言程序设计同步训练与上机指导[M]. 北京：中国铁道出版社，2015.
[3] 谭浩强. C 程序设计[M]. 5 版. 北京：清华大学出版社，2017.
[4] 谭浩强. C 程序设计题解与上机指导[M]. 北京：清华大学出版社，2005.
[5] 林和平. 计算机等级考试习题汇编[M]. 长春：吉林科学技术出版社，2004.
[6] 张红梅. VC++程序设计实验教程[M]. 北京：中国铁道出版社，2004.
[7] 黄维通. C 语言程序设计习题解析与应用案例分析[M]. 北京：清华大学出版社，2004.
[8] 夏宽理. C 语言程序设计上机指导与习题解答[M]. 北京：中国铁道出版社，2006.
[9] 杨路明. C 语言程序设计上机指导与习题选解[M]. 北京：北京邮电大学出版社，2005.